BIBLIOTHÈ
INSTRUCTIVE
LOUIS FIGUIER
LES AÉROSTATS
HISTOIRE
JOUVET & Cie
PARIS

BIBLIOTHÈQUE INSTRUCTIVE

LES

AÉROSTATS

CORBEIL. — TYP. ET STÉR. CRÉTÉ.

BIBLIOTHÈQUE INSTRUCTIVE

LES AÉROSTATS

PAR

LOUIS FIGUIER

OUVRAGE

ILLUSTRÉ DE 60 GRAVURES SUR BOIS

Deuxième édition

PARIS
LIBRAIRIE FURNE
JOUVET ET Cie, ÉDITEURS
5, RUE PALATINE, 5

1887

LES

AÉROSTATS

Aucune découverte n'a excité autant que celle des aérostats la surprise, l'admiration, l'émotion universelles. Il n'y eut, en Europe, qu'un cri d'enthousiasme pour les navigateurs intrépides qui, les premiers, osèrent s'élancer dans le vaste champ des airs. En effet, jamais l'orgueil humain n'avait rencontré de triomphe plus éclatant en apparence. L'homme venait, disait-on, de conquérir les airs. Ces plaines infinies, dont l'œil est impuissant à sonder l'étendue, désormais devenaient son domaine ; il pouvait à son gré parcourir son nouvel empire, il régnait en maître sur ces régions inexplorées. Ainsi, le monde n'offrait plus de barrières, l'espace n'avait plus d'abîmes que son génie ne pût franchir. On s'abandonnait de toutes parts à l'orgueil de cette pensée ; on applaudissait à ce résultat inespéré des sciences physiques qui, à peine à leur naissance, venaient de donner un si magnifique témoignage de leur puissance. On ne mettait pas en doute la possibilité de régulariser bientôt et de diriger à travers les airs la marche de ces nouveaux esquifs, et la navigation atmosphérique apparaissait déjà comme une création prochaine.

De tout cet éclat et de tout ce retentissement, de cet enthousiasme qui, d'un bout à l'autre de l'Europe, enflammait les esprits, de ces espérances ardentes, de ces aspirations inouïes, qu'est-il resté? L'histoire n'offre aucun autre exemple d'une découverte aussi applaudie, aussi exaltée à sa naissance, aussi délaissée bientôt après. Les aérostats semblaient appelés à régénérer la science, en lui ouvrant des moyens d'expérimentation d'une portée toute nouvelle; cependant ils n'ont guère servi qu'à satisfaire, dans les fêtes publiques, une vaine curiosité. La possibilité de s'élever dans les airs et d'y séjourner quelque temps; certains faits, d'une importance médiocre, ajoutés à la météorologie; quelques moyens nouveaux d'expérimentation offerts aux physiciens, l'espérance d'arriver un jour à la direction des ballons: voilà tout ce qu'a produit, sous le rapport scientifique, une découverte qui semblait dans ses débuts si riche de promesses.

Cependant il y a dans le seul fait d'une ascension dans les airs quelque chose de si grand, de si noble et de si hardi, quelques traits si bien en rapport avec l'audace et le génie de l'homme, que l'on a toujours recherché et accueilli avec intérêt tout ce qui se rapporte aux aérostats. Nous présenterons donc avec quelques détails l'histoire d'une découverte qui a toujours tenu une si grande place dans les préoccupations du public.

CHAPITRE PREMIER

Les frères Étienne et Joseph Montgolfier. — Expérience du premier ballon à feu faite à Annonay par les frères Montgolfier. — Ascension du premier ballon à gaz hydrogène, au Champ-de-Mars de Paris.

L'invention des aérostats est d'origine toute française. Elle appartient aux frères Étienne et Joseph Montgolfier, qui firent à Annonay, le 4 juin 1783, leur première expérience publique.

Étienne et Joseph Montgolfier étaient les fils d'un manufacturier connu depuis longtemps pour son habileté dans l'art de la fabrication du papier. La famille Montgolfier était originaire de la petite ville d'Ambert, en Auvergne. On voyait encore, au milieu du dix-huitième siècle, sur le penchant d'une colline qui domine la ville, les ruines d'une très ancienne résidence de la famille Montgolfier, qui paraît avoir donné ou pris son nom au pays qu'elle habitait.

Joseph Montgolfier était doué de brillantes facultés d'invention ; mais cette précieuse disposition naturelle avait besoin d'être rectifiée et contenue par un esprit plus calme et plus méthodique. Joseph Montgolfier trouva dans la sagesse de vues et dans la prudence de son frère Étienne les qualités qui lui manquaient. Aussi la plus parfaite intimité morale s'établit-elle bien vite entre les deux Montgolfier. Si différentes par leurs qualités et leurs allures, ces deux intelligences étaient cependant nécessaires et presque indispensables l'une à l'autre. Les deux frères mirent en commun toutes leurs vues, toutes leurs conceptions, toutes leurs pensées scientifiques, et c'est ainsi que s'établit entre eux cette communauté d'existence morale, cette double vie intellectuelle, qui seule fait comprendre leurs travaux et leurs succès. Avant l'invention des aérostats, plusieurs découvertes avaient déjà rendu le nom des Montgolfier célèbre dans les sciences mécaniques, et plus tard cette découverte n'arrêta pas l'essor de leurs travaux.

La ville d'Annonay est située au pied des montagnes du Vivarais. En contemplant le spectacle continuel de la production et de l'ascension des nuages, qu'ils voyaient se former sur le flanc de ces montagnes, en méditant sur les causes de la suspension et de l'équilibre de ces masses énormes qui se promènent dans les cieux, les frères Montgolfier conçurent l'espoir d'imiter la nature dans l'une de ses opérations les plus brillantes. Il ne leur parut pas impossible de composer des nuages factices, qui, à l'imitation des nuages naturels, s'élèveraient dans les plus hautes régions des airs. Pour atteindre ce but ils essayèrent de renfermer de la vapeur d'eau dans une enveloppe à la fois résistante et légère.

Ce nuage factice s'élevait dans l'air, mais la température extérieure ramenant bientôt la vapeur à l'état liquide, l'enveloppe se mouillait, et l'appareil retombait sur le sol.

Ils tentèrent sans plus de succès d'emmagasiner la fumée produite par la combustion du bois et contenue dans une enveloppe de toile. La fumée reçue dans cette enveloppe se refroidissait, et ne parvenait point à soulever le petit appareil.

Sur ces entrefaites, parut, en France, la traduction

de l'ouvrage de Priestley : *Des différentes espèces d'air*. Dans ce livre, qui devait exercer une influence décisive sur la création et le développement de la chimie, Priestley faisait connaître un grand nombre de gaz

Joseph Montgolfier.

nouveaux ; il exposait en termes généraux les propriétés, les caractères, le poids spécifique, des fluides élastiques. Étienne Montgolfier lut cet ouvrage à Montpellier, où il se trouvait alors.

En revenant à Annonay, il réfléchissait sur les faits

signalés par le physicien anglais, et c'est en montant la côte de Serrière qu'il fut frappé, dit-il dans son *Discours à l'Académie de Lyon*, de la possibilité de faire élever des corps dans l'air atmosphérique, en tirant parti de l'une des propriétés reconnues aux gaz par Priestley. Il devait suffire, pour s'élever dans l'atmosphère, de renfermer dans une enveloppe d'un faible poids un gaz plus léger que l'air : l'appareil s'élèverait, en vertu de son excès de légèreté sur l'air environnant, jusqu'à ce qu'il rencontrât, à une certaine hauteur, des couches dont la pesanteur spécifique, égale à la sienne, le maintînt en équilibre.

Rentré chez lui, Étienne Montgolfier se hâta de communiquer cette pensée à son frère, qui l'accueillit avec transport. Dès ce moment, ils furent certains de réussir dans leurs tentatives pour imiter et reproduire les nuages.

Ils essayèrent d'abord de renfermer dans diverses enveloppes le *gaz inflammable*, c'est-à-dire le gaz hydrogène, qui est quatorze fois plus léger que l'air. Mais l'enveloppe de papier dont ils se servirent était perméable aux gaz; elle laissait transpirer l'hydrogène, l'air entrait à sa place, et le globe, un moment soulevé, ne tardait pas à redescendre. D'ailleurs, l'hydrogène était un gaz à peine connu à cette époque ; sa préparation était difficile et coûteuse, on renonça, pour le moment, à en faire usage.

Après avoir essayé quelques autres gaz ou vapeurs, les frères Montgolfier en vinrent à penser que l'électricité, qu'ils regardaient comme l'une des causes de l'ascension et de l'équilibre des nuages, pourrait favoriser l'ascension d'un corps assez léger. Ils cherchèrent donc à composer un gaz affectant des propriétés électriques, ils s'imaginèrent obtenir un gaz de cette nature en faisant un mélange d'une vapeur à propriétés alcalines avec une autre vapeur non alcaline.

Pour former un tel mélange, ils firent brûler ensem-

Étienne Montgolfier.

ble de la paille légèrement mouillée et de la laine, matière animale qui donne naissance, en brûlant, à des gaz qui présentent une réaction alcaline, due à la présence d'une petite quantité de carbonate d'ammoniaque. Ils reconnurent que la combustion de ces deux corps au-dessous d'une enveloppe de toile ou de papier provoquait l'ascension rapide de l'appareil.

L'idée théorique qui amena les Montgolfier à la découverte des ballons ne supporte pas un moment l'examen. C'est une de ces conceptions vagues et mal raisonnées, comme on en trouve tant à cette époque de renouvellement pour les sciences physiques. L'ascension de ces petits globes s'expliquait tout simplement par la dilatation de l'air échauffé, qui devient ainsi plus léger que l'air environnant, et tend, dès lors, à s'élever, jusqu'à ce qu'il rencontre des couches d'une densité égale à la sienne. La fumée abondante, produite par la combustion de la laine et de la paille mouillée, ne faisait qu'augmenter le poids de l'air chaud, sans amener aucun des avantages sur lesquels les inventeurs avaient compté.

De Saussure prouva parfaitement, l'année suivante, la vérité de cette explication. Pour terminer la discussion élevée à ce sujet entre les physiciens, il prit un petit ballon de papier, ouvert à sa partie inférieure, et il introduisit, avec précaution, dans son intérieur, un fer à souder, rougi à blanc. Aussitôt la petite machine se gonfla, et s'éleva au plafond de l'appartement. Il fut ainsi bien démontré que la raréfaction de l'air par la chaleur était la seule cause du phénomène, et l'on cessa de donner le nom fort impropre de *gaz montgolfier* au mélange gazeux qui déterminait l'ascension.

C'est à Avignon que les frères Montgolfier firent le premier essai d'un petit appareil fondé sur les principes qui viennent d'être expliqués. Au mois de novembre 1782, Étienne Montgolfier construisit un parallélipipède creux, de soie, d'une très petite capacité, puisqu'il contenait seulement deux mètres cubes d'air,

Expérience faite à Annonay par les frères Montgolfier.

et il vit, avec une joie facile à comprendre, ce petit ballon s'élever au plafond de sa chambre. De retour à Annonay, il s'empressa de répéter l'expérience, avec son frère. Ils opérèrent en plein air avec ce même appareil, qui s'éleva devant eux à une grande hauteur.

Encouragés par ce résultat, les frères Montgolfier construisirent un ballon plus grand, qui pouvait contenir vingt mètres cubes d'air. Ce nouvel essai réussit parfaitement. La machine s'éleva avec tant de force qu'elle brisa les cordes qui la retenaient, et alla tomber sur un coteau voisin, après avoir atteint une hauteur de trois cents mètres.

Dès lors, certains du succès, ils se mirent à construire un appareil de grande dimension, et résolurent d'exécuter, sur une des places de la ville d'Annonay, une expérience solennelle, pour faire connaître et constater publiquement leur découverte.

Cette expérience eut lieu le 4 juin 1783, en présence de la ville entière. En dix minutes, la machine s'était élevée à 500 mètres de hauteur.

La nouvelle de l'ascension d'Annonay, répandue bientôt dans tout Paris, y causa une impression des plus vives. L'Académie des sciences fit demander à Étienne Montgolfier de venir à Paris. Mais la curiosité du public et celle des savants était trop vivement excitée, il fallait à tout prix répéter l'expérience sous les yeux des habitants de la capitale.

Faujas de Saint-Fond, professeur au Jardin des Plantes, ouvrit une souscription pour subvenir aux frais de l'entreprise. Dix mille francs furent recueillis en quelques jours. Les frères Robert, habiles constructeurs d'instruments de physique, furent chargés d'édifier la machine ; le professeur Charles, jeune alors et tout brûlant de zèle, se chargea de diriger le travail.

Cette entreprise offrait pourtant beaucoup de difficultés, on le comprendra sans peine. Le procès-verbal de l'expérience de Montgolfier, les lettres d'Annonay qui en avaient raconté les détails, ne donnaient aucune indication sur les gaz dont s'étaient servis les inventeurs : on se bornait à dire que la machine avait été remplie avec un gaz *moitié moins pesant que l'air ordinaire*. Charles ne perdit pas son temps à chercher quel était le gaz dont Montgolfier avait fait usage. Il comprit que, puisque l'expérience avait réussi avec un gaz qui n'avait que la moitié du poids spécifique de l'air, elle réussirait bien mieux encore avec le gaz hydrogène, qui pèse quatorze fois moins que l'air. En conséquence, il prit le parti de remplir le ballon avec le gaz inflammable.

Mais cette opération elle-même n'était pas sans difficultés. L'hydrogène était encore un gaz à peine observé; on ne l'avait jamais préparé que dans les cours publics et en opérant sur de faibles quantités; les savants eux-mêmes ne le maniaient pas sans quelque crainte, à cause des dangers qu'il présente par son inflammabilité. Or il fallait obtenir et accumuler dans un même réservoir plus de quarante mètres cubes de ce gaz.

On se mit à l'œuvre, néanmoins. On s'établit dans les ateliers des frères Robert, situés près de la place des Victoires. Il fallait, pour la première fois, imaginer et construire les appareils nécessaires à la préparation et à la conservation des gaz sur une grande échelle.

Il ne fallut pas moins de quatre jours pour remplir le ballon. Nous donnerons une idée des pertes de gaz éprouvées pendant cette opération, en disant qu'il fallut employer mille livres de fer et cinq cents livres d'acide sulfurique pour remplir un aérostat qui soulevait à peine un poids de dix-huit livres.

Le 27 août 1783, tout se trouvant prêt pour l'expérience, on s'occupa de transporter la machine au Champ-de-Mars, où devait s'effectuer son ascension. Pour éviter l'encombrement des curieux, la translation se fit à deux heures du matin. Le ballon, porté sur un brancard, s'avançait, précédé de torches, escorté par un détachement du guet. L'obscurité de la nuit, la forme étrange et inconnue de ce globe immense, qui s'avançait lentement à travers les rues silencieuses, tout prêtait à cette scène nocturne un caractère particulier de mystère. On vit des hommes du peuple, qui se rendaient à leurs travaux, s'agenouiller devant le cortège, saisis d'une sorte de superstitieuse terreur.

Arrivé au Champ-de-Mars avant le jour, le ballon fut placé au milieu d'une enceinte disposée pour le recevoir; on le retint en place à l'aide de petites cordes fixées au méridien du globe et arrêtées dans des anneaux de fer plantés en terre. Dès que le jour parut, on s'occupa de préparer du gaz hydrogène, pour achever de le remplir. A midi, il était prêt à s'élancer.

A trois heures, une foule immense se portait au Champ-de-Mars : la place était garnie de troupes, les avenues étaient gardées de tous les côtés. Les bords de la Seine, l'amphithéâtre de Passy, l'École militaire, les Invalides et tous les alentours étaient occupés par les curieux. Trois cent mille personnes, c'est-à-dire la moitié de la population de Paris, s'étaient donné rendez-vous au Champ-de-Mars.

A cinq heures, un coup de canon annonça que l'expérience allait commencer; il servit en même temps d'avertissement pour les savants, qui placés sur la ter-

Premier aérostat à gaz hydrogène lancé par Charles et Robert.

rasse du Garde-Meuble, sur les tours de Notre-Dame et à l'École militaire, devaient appliquer les instruments et le calcul à l'observation du phénomène.

Délivré de ses liens, le globe s'élança avec une telle vitesse, qu'il fut porté en deux minutes à mille mètres de hauteur; là il trouva un nuage obscur, dans lequel il se perdit. Un second coup de canon annonça sa disparition; mais on le vit bientôt percer la nue, reparaître un instant à une très grande élévation, et s'éclipser enfin dans d'autres nuages.

Un sentiment d'admiration et d'enthousiasme indicible s'empara alors de l'esprit des spectateurs. L'idée qu'un corps parti de la terre voyageait en ce moment dans l'espace avait quelque chose de si merveilleux; elle s'écartait si fort des lois ordinaires, que l'on ne pouvait se défendre des plus vives impressions. Beaucoup de personnes fondirent en larmes; d'autres s'embrassaient, comme en délire. Les yeux fixés sur le même point du ciel, tous recevaient, sans songer à s'en garantir, une pluie violente, qui ne cessait pas de tomber. La population de Paris, si avide d'émotions et de surprises, n'avait jamais assisté à un aussi curieux spectacle.

L'aérostat ne fournit pas cependant toute la carrière qu'il aurait pu parcourir. Dans leur désir de lui donner une forme complètement sphérique, et d'en augmenter ainsi le volume aux yeux des spectateurs, les frères Robert avaient voulu, contrairement à l'opinion de Charles, que le ballon fût entièrement gonflé au départ; ils y introduisirent même de l'air, au moment de le lancer, afin de tendre toutes les parties de l'étoffe. L'expansion du gaz amena la rupture du ballon, lorsqu'il fut parvenu dans une région élevée. Il se fit, à sa partie supérieure, une déchirure de plusieurs pieds; le gaz s'échappa, et le globe vint tomber lentement, après trois quarts d'heure de marche, auprès d'Écouen, à cinq lieues de Paris.

Il s'abattit au milieu d'une troupe de paysans de Gonesse, que cette apparition frappa d'abord d'épouvante, car ils s'imaginaient que la lune tombait du ciel. Cependant ils ne tardèrent pas à se rassurer, et pour se venger de la terreur qu'ils avaient éprouvée, ils se précipitèrent avec furie sur l'innocente machine, qui fut en quelques instants réduite en pièces.

Le premier aérostat à gaz hydrogène, qui avait coûté tant de soins et de travaux, fut attaché à la queue d'un cheval, et traîné, pendant une heure, à travers les champs, les fossés et les routes!

L'accueil stupide et barbare qui avait été fait au premier aérostat par les paysans de Gonesse fit assez de bruit pour que le gouvernement crût nécessaire de publier un *Avis au peuple touchant le passage et la chute des machines aérostatiques.* Dans les derniers mois de 1783, cette instruction fut répandue dans toute la France.

CHAPITRE II

Expérience faite à Versailles, le 19 septembre 1783, en présence de Louis XVI.

L'Académie des sciences de Paris avait, comme nous l'avons dit, invité Étienne Montgolfier à se rendre à Paris. Étienne Montgolfier s'était conformé à ce désir.

Il avait assisté à l'ascension du Champ-de-Mars, et il prenait les dispositions nécessaires pour répéter, conformément au vœu exprimé par l'Académie des sciences, l'expérience du *ballon à feu* telle qu'il l'avait exécutée à Annonay.

Il s'établit dans les immenses jardins de son ami Réveillon, ce fabricant du faubourg Saint-Antoine dont la ruine devait, quelques années après, marquer si tristement les premiers jours de la révolution française.

L'aérostat que fit construire Étienne Montgolfier avait des dimensions considérables; sa forme était assez bizarre. La partie moyenne représentait un prisme haut de huit mètres, le sommet une pyramide de la même hauteur, la partie inférieure un cône tronqué de six mètres; de telle sorte que la machine entière, de la base au sommet, comptait vingt-deux mètres de hauteur, sur quinze environ de diamètre. Elle était faite de toile d'emballage doublée d'un fort papier au dedans et au dehors, et pouvait enlever un poids de 1,250 livres.

L'Académie des sciences avait envoyé une commission, pour assister à la première ascension de cette belle machine. Malheureusement, le ballon fut gravement endommagé pendant cet essai. Un orage étant survenu au moment même où il était à demi gonflé et retenu par des hommes, au moyen de cordes, le vent et la pluie le mirent en lambeaux. Il fallut donc se décider à en construire un autre, pour l'expérience qui devait être faite devant le roi, le 19 septembre.

Aidé de ses amis, Montgolfier se mit à l'œuvre, et construisit en cinq jours un second aérostat, plus solide que le premier. Sa forme était sphérique, et il

Montgolfière lancée à Versailles en présence du Roi.

était composé d'une toile de coton, que l'on peignit en bleu, relevé d'ornements d'or.

Le 19 au matin, la nouvelle machine fut transportée à Versailles, où tout était prêt pour la recevoir.

Dans la grande cour du château, on avait élevé une vaste estrade, percée en son milieu d'une ouverture circulaire de cinq mètres de diamètre destinée à loger le ballon ; on circulait autour de cette estrade, pour le service de la machine. La partie supérieure, ou le dôme du ballon, était déprimée et reposait sur la grande ouverture de l'échafaud, à laquelle elle servait de voûte ; le reste des toiles était abattu et se repliait circulairement autour de l'estrade, de telle sorte qu'en cet état la machine ne présentait aucune apparence, et ne ressemblait qu'à un amas de toiles entassées et disposées sans ordre. Le réchaud de fil de fer qui devait servir à placer les combustibles reposait sur le sol. On enferma dans une cage d'osier, suspendue à la partie inférieure de l'aérostat, un mouton, un coq et un canard, qui étaient ainsi destinés à devenir les premiers navigateurs aériens.

A dix heures du matin, la route de Paris à Versailles était couverte de voitures ; on arrivait en foule de tous les côtés. A midi, la cour du château, la place d'armes et les avenues environnantes, étaient inondées de spectateurs. Le roi descendit sur l'estrade, avec sa famille ; il fit le tour du ballon, et se fit rendre compte par Montgolfier des dispositions et des préparatifs de l'expérience. A une heure, une décharge de mousqueterie annonça que la machine allait se remplir. On brûla quatre-vingts livres de paille et cinq livres de laine. La machine déploya ses replis, se gonfla rapidement, et développa sa forme imposante. Une seconde décharge annonça qu'on était prêt à partir. A la troisième, les cordes furent coupées, et l'aérostat s'éleva pompeusement, au milieu des acclamations de la foule.

Il atteignit rapidement une grande hauteur, en décrivant une ligne inclinée à l'horizon que le vent du sud le força de prendre, et demeura ensuite immobile. Cependant il ne resta que peu de temps en l'air. Une déchirure de sept pieds, amenée par un coup de vent subit, au moment du départ, l'empêcha de se soutenir longtemps.

Il tomba, dix minutes après son ascension, à une lieue de Versailles, dans le bois de Vaucresson. Deux gardes-chasse, qui se trouvaient dans le bois, virent la machine descendre avec lenteur et ployer les hautes branches des arbres sur lesquels elle se reposa. La corde qui retenait la cage d'osier s'embarrassa dans les rameaux, la cage tomba, les animaux en sortirent sans accident.

Le premier qui accourut pour dégager le ballon, et pour reconnaître comment les animaux avaient supporté le voyage, fut Pilâtre de Rozier. Il suivait avec une passion ardente les débuts de cet art, qui devait faire un jour son martyre et sa gloire.

CHAPITRE III

Premier voyage aérien exécuté par Pilâtre de Rozier et le marquis d'Arlandes.

On croyait désormais pouvoir, avec quelque confiance, transformer les ballons en appareils de navigation aérienne. Étienne Montgolfier se mit donc à construire, dans les jardins de Réveillon, au faubourg Saint-Antoine, un ballon disposé de manière à recevoir des voyageurs. Les dimensions de cette nouvelle machine étaient considérables; elle n'avait pas moins de 20 mètres de hauteur sur 16 de diamètre, et pouvait contenir 20,000 mètres cubes d'air. On disposa autour de la partie extérieure de l'orifice du ballon une galerie circulaire d'osier, recouverte de toile, destinée à recevoir les aéronautes. Cette galerie avait un mètre de large ; une balustrade la protégeait et permettait d'y circuler commodément : on pouvait ainsi faire le tour de l'orifice extérieur de l'aérostat. L'ouverture de la machine était donc parfaitement libre; et c'est au milieu de cette ouverture que se trouvait, suspendu par des chaînes, le réchaud de fil de fer, avec les matières inflammables dont la combustion devait entraîner l'appareil. On avait emmagasiné dans une partie de la galerie une provision de paille, pour donner aux aéronautes la faculté de s'élever à volonté en activant le feu.

On se pressait en foule, à la porte du jardin de Réveillon, pour contempler de loin ces intéressantes manœuvres. Pendant les journées du 15, du 17 et du 19 octobre, l'affluence était si considérable dans le faubourg Saint-Antoine, sur les boulevards et jusqu'à la porte Saint-Martin, que, sur tous ces points, la circulation était devenue impossible. Comme on craignait, avec raison, que l'encombrement excessif des curieux dans les rues de la ville n'amenât des embarras ou des dangers, on se décida à faire l'ascension hors de Paris. Le dauphin offrit à Montgolfier les jardins de son château de la Muette, au bois de Boulogne.

Le 21 novembre 1783, à une heure de l'après-midi, en présence du dauphin et de sa suite, rassemblés dans les beaux jardins de la Muette, Pilâtre de Rozier

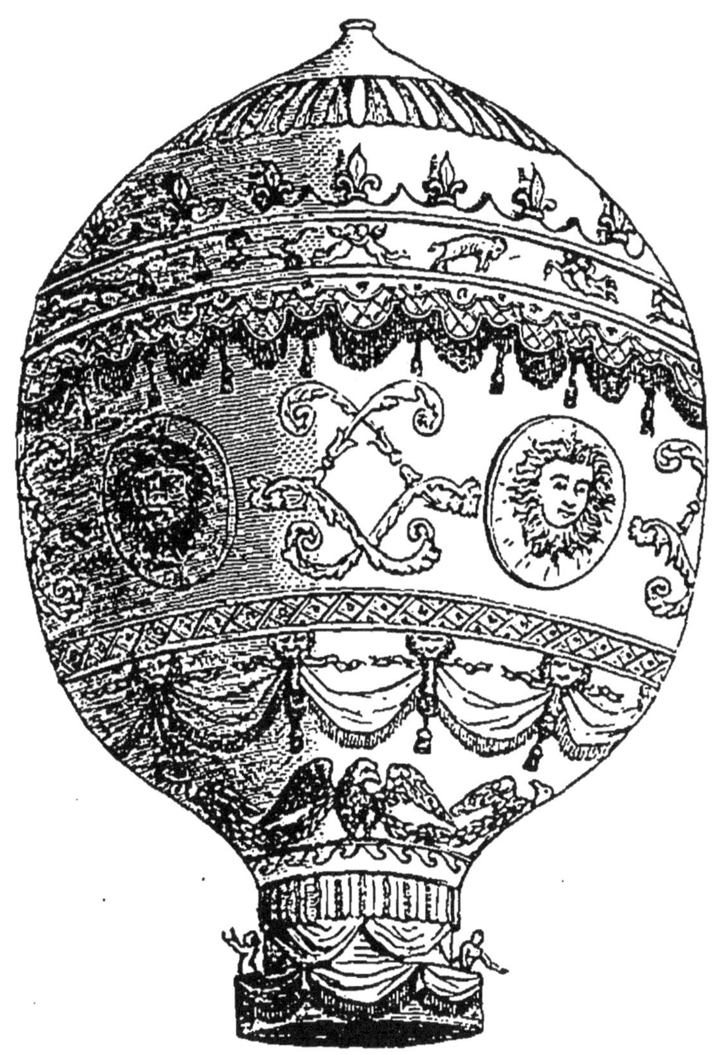

Première montgolfière destinée à porter des voyageurs, exécutée pour Pilâtre de Rozier.

et le marquis d'Arlandes exécutèrent ensemble le premier voyage aérien.

Malgré un vent violent et un ciel orageux, la machine

s'éleva avec rapidité. Arrivés à la hauteur de 100 mètres, les voyageurs ôtèrent leurs chapeaux pour saluer la multitude qui s'agitait au-dessous d'eux, partagée entre l'admiration et la crainte. La machine continua de s'élever majestueusement, et bientôt il ne fut plus possible de distinguer les nouveaux Argonautes. On vit l'aérostat longer l'île des Cygnes et filer au-dessus de la Seine, jusqu'à la barrière de la Conférence, où il traversa le fleuve. Il se maintenait toujours à une très grande hauteur, de telle manière que les habitants de Paris, qui accouraient en foule de toutes parts, pouvaient l'apercevoir du fond des rues les plus étroites. Les tours de Notre-Dame étaient couvertes de curieux, et la machine, en passant entre le soleil et le point qui correspondait à l'une des tours, y produisit une éclipse d'un nouveau genre. Enfin, l'aérostat, s'élevant ou s'abaissant plus ou moins, en raison de la manœuvre des voyageurs aériens, passa entre l'hôtel des Invalides et l'École militaire, et, après avoir plané sur les Missions étrangères, s'approcha de Saint-Sulpice. Alors, les navigateurs ayant forcé le feu pour quitter Paris, s'élevèrent et trouvèrent un courant d'air qui, les dirigeant vers le sud, leur fit dépasser le boulevard, et les porta dans la plaine, au delà du mur d'enceinte, entre la barrière d'Enfer et la barrière d'Italie.

Le marquis d'Arlandes, trouvant que l'expérience était complète, et pensant qu'il était inutile d'aller plus loin dans un premier essai, cria à son compagnon : « Pied à terre ! »

Ils cessèrent le feu, la machine s'abattit lentement, et se reposa sur la *Butte aux Cailles*.

En touchant la terre, le ballon s'affaissa presque entièrement sur lui-même. Le marquis d'Arlandes sauta

Premier voyage aérien exécuté dans une montgolfière par Pilâtre de Rozier et le marquis d'Arlandes.

hors de la galerie; mais Pilâtre de Rozier s'embarrassa dans les toiles, et demeura quelque temps comme enseveli sous les plis de la machine qui s'était abattue de son côté. Etait-ce là un présage et comme un avertissement de la fin sinistre qui l'attendait plus tard?

La machine fut repliée, mise dans une voiture et ramenée dans les ateliers du faubourg Saint-Antoine. Les voyageurs n'avaient ressenti, durant le trajet aérien, aucune impression pénible; ils étaient tout entiers à l'orgueil et à la joie de leur triomphe. Le marquis d'Arlandes monta aussitôt à cheval et vint rejoindre ses amis au château de la Muette. On l'accueillit avec des pleurs de joie et d'ivresse.

Parmi les personnes qui avaient assisté aux préparatifs du voyage, on remarquait Benjamin Franklin. On aurait dit que le nouveau monde avait envoyé le grand homme pour assister à cet événement mémorable. C'est à cette occasion que Franklin prononça un mot qui a été souvent répété. On disait devant lui : « A quoi peuvent servir les ballons? » — « A quoi peut servir l'enfant qui vient de naître? » répliqua le philosophe américain.

CHAPITRE IV

Le physicien Charles crée l'art de l'aérostation. — Ascension de Charles et Robert aux Tuileries.

Le but que Pilâtre de Rozier s'était proposé, dans cette périlleuse entreprise, était avant tout scientifique. Il fallait, sans plus tarder, s'efforcer de tirer

Voyage aérien exécuté par Charles et Robert, le 1er décembre 1783.
Départ du jardin des Tuileries.

parti, pour l'avancement de la physique et de la météorologie, de ce moyen nouveau d'expérimentation. Mais on reconnut bien vite que l'appareil dont Pilâtre s'était servi, c'est-à-dire le ballon à feu, ou la *Montgolfière*, comme on l'appelait déjà, ne pouvait rendre, à ce point de vue, que de médiocres services. En effet, le poids de la quantité considérable de combustible que l'on devait emporter, joint à la faible différence qui existe entre la densité de l'air échauffé et la densité de l'air ordinaire, ne permettait pas d'atteindre à de grandes hauteurs. En outre, la nécessité constante d'alimenter le feu absorbait tous les moments des aéronautes, et leur ôtait les moyens de se livrer aux expériences et à l'observation des instruments. On comprit dès lors que les ballons à gaz hydrogène pourraient seuls offrir la sécurité et la commodité indispensables à l'exécution des voyages aériens. Aussi, quelques jours après le voyage aérien de Pilâtre de Rozier et du marquis d'Arlandes, deux hardis expérimentateurs, Charles et Robert, annonçaient-ils, par la voie des journaux, le programme d'une ascension dans un aérostat à gaz inflammable. Ils ouvrirent une souscription de dix mille francs, pour *un globe de soie devant porter deux voyageurs, lesquels s'enlèveraient à ballon perdu, et tenteraient en l'air des observations et des expériences de physique*. La souscription fut remplie en quelques jours.

Le voyage aérien de Pilâtre de Rozier et du marquis d'Arlandes avait été surtout un trait d'audace. Sur la foi de leur courage et sans aucune précaution, ils avaient accompli l'une des entreprises les plus extraordinaires que l'homme ait jamais exécutées; l'ascension de Charles et Robert présenta des conditions toutes différentes. Préparée avec maturité, calculée avec une rare intelligence, elle révéla tous les services que peut rendre, dans un cas pareil, le secours des connaissances scientifiques.

Le physicien Charles.

On peut dire qu'à propos de cette ascension, Charles créa tout d'un coup et tout d'une pièce l'art de l'aérostation. En effet, c'est à ce sujet qu'il imagina : la soupape qui donne issue au gaz hydrogène et détermine ainsi la descente lente et graduelle de l'aérostat,

— la nacelle où s'embarquent les voyageurs, — le filet, qui supporte et soutient la nacelle, — le lest, qui règle l'ascension et modère la chute, — l'enduit de caoutchouc, qui, appliqué sur le tissu du ballon, rend l'enveloppe imperméable et prévient la déperdition du gaz, — enfin l'usage du baromètre, qui sert à mesurer à chaque instant, par l'élévation ou la dépression du mercure, les hauteurs que l'aéronaute occupe dans l'atmosphère. Pour cette première ascension, Charles créa donc tous les moyens, tous les artifices, toutes les précautions ingénieuses qui composent l'art de l'aérostation. On n'a presque rien changé, depuis cette époque, aux dispositions imaginées par ce physicien.

Le 1er décembre 1783, la moitié de Paris se pressait aux environs du château des Tuileries. A l'extérieur, les fenêtres, les combles et les toits, les quais qui longent les Tuileries, le Pont-Royal et la place Louis XV étaient couverts d'une foule immense. Le ballon, gonflé de gaz, se balançait et ondulait mollement dans l'air : c'était un globe de soie à bandes alternativement jaunes et rouges; le char placé au-dessous était bleu et or.

Le canon retentit; les voyageurs prennent place dans la nacelle, les cordes sont coupées, et le ballon s'élève avec une majestueuse lenteur.

L'admiration et l'enthousiasme éclatent alors de toutes parts. Des applaudissements frénétiques ébranlent les airs. Les soldats rangés autour de l'enceinte présentent les armes; les officiers saluent de leur épée, et la machine continue de s'élever doucement, au milieu des acclamations de trois cent mille spectateurs.

Le ballon, arrivé à la hauteur de Monceaux, resta

un moment stationnaire ; il vira ensuite de bord et suivit la direction du vent. Il traversa une première fois la Seine, entre Saint-Ouen et Asnières, la passa une seconde fois non loin d'Argenteuil, et plana successivement sur Sannois, Franconville, Eau-Bonne, Saint-Leu-Tavernay, Villiers et l'Ile-Adam.

Après un trajet d'environ neuf lieues, en s'abaissant et s'élevant à volonté au moyen du lest qu'ils jetaient, les voyageurs descendirent à 4 heures dans la prairie de Nesles, à neuf lieues de Paris. Robert descendit du char ; mais Charles voulut recommencer le voyage, afin de procéder à quelques observations de physique. Pour atteindre à une plus grande hauteur, il repartit seul. En moins de dix minutes, il parvint à une élévation de près de 4,000 mètres. Là il se livra à de rapides observations de physique.

Une demi-heure après, le ballon redescendait doucement, à deux lieues de son second point de départ. Charles fut reçu à sa descente par M. Farrer, gentilhomme anglais, qui le conduisit à son château.

CHAPITRE V

Troisième voyage aérien exécuté à Lyon : ascension de la montgolfière *le Flesselles*. — Quatrième voyage aérien effectué à Milan par le chevalier Andreani. — Aérostats et montgolfières lancés en diverses villes de l'Europe. — Première ascension de Blanchard au Champ-de-Mars de Paris. — Voyage aérien de Proust et Pilâtre de Rozier.

L'intrépidité et la science des premiers navigateurs aériens avaient ouvert dans les cieux une route nouvelle : elle fut suivie avec une incomparable ardeur.

En France et dans les autres parties de l'Europe, on vit bientôt s'accomplir un grand nombre de voyages aérostatiques. Pour ne pas étendre hors de toute proportion les bornes de ce volume, nous nous contenterons de rappeler les ascensions les plus remarquables qui eurent lieu à cette époque.

Lyon n'avait encore été témoin d'aucune expérience aérostatique; c'est dans cette ville que s'exécuta le troisième voyage aérien.

Au mois d'octobre 1783, quelques personnes distinguées de Lyon voulurent répéter l'expérience exécutée à Versailles par Étienne Montgolfier. M. de Flesselles, intendant de la province, ouvrit une souscription, qui fut promptement remplie. Sur ces entrefaites, Joseph Montgolfier étant arrivé à Lyon, on le pria de vouloir bien diriger lui-même la construction de la machine. On se proposait de fabriquer un aérostat d'un très grand volume, qui enlèverait un cheval ou quelques autres animaux.

Montgolfier fit construire un immense globe à feu; il avait quarante-trois mètres de hauteur et trente-cinq de diamètre. C'était la plus vaste machine qui eût encore été construite pour s'élever dans les airs. Seulement, on avait visé à l'économie, et l'on n'avait obtenu qu'un appareil assez grossier, formé d'une double enveloppe de toile d'emballage recouvrant trois feuilles d'un fort papier.

L'ascension se fit aux Brotteaux, le 5 janvier 1784. En dix-sept minutes le ballon fut gonflé et prêt à partir. Six voyageurs montèrent dans la galerie : c'étaient Joseph Montgolfier, à qui l'on avait décerné le commandement de l'équipage, Pilâtre de Rozier, le prince de Ligne, le comte de Laurencin, le comte

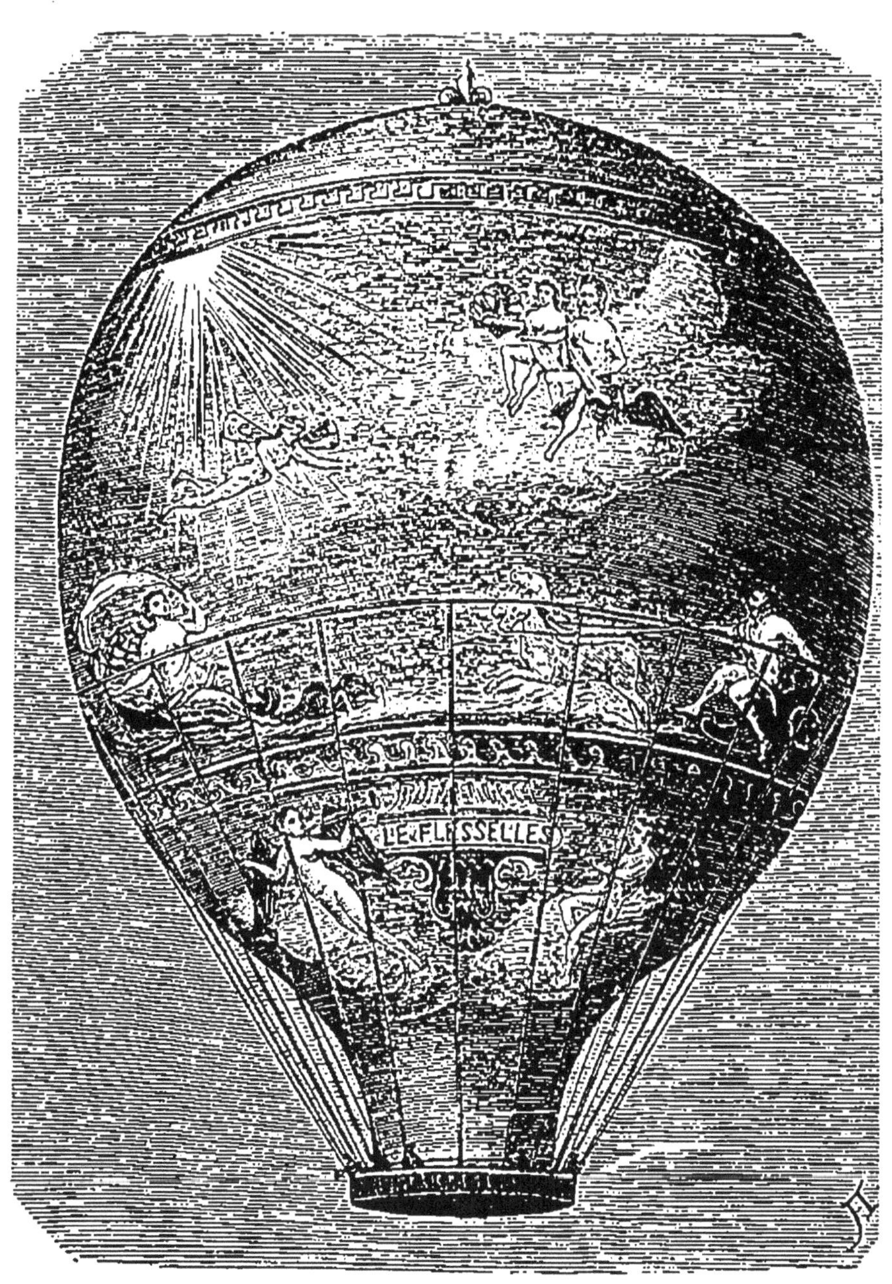

Mongolfière *le Flesselles* lancée à Lyon le 5 janvier 1784, avec six voyageurs.

de Dampierre et le comte Laporte d'Anglefort.

On comprend aisément l'admiration que dut faire naître dans la foule l'ascension de cet énorme aérostat, dont la voûte offrait les dimensions de la coupole de la Halle aux blés de Paris. Il avait la forme d'une sphère, terminée, à sa partie inférieure, par un cône tronqué, autour duquel régnait une large galerie où se tenaient les six voyageurs. La calotte supérieure était blanche, le reste grisâtre, et le cône composé de bandes de laine de différentes couleurs. Aux deux côtés du globe étaient attachés deux médaillons, dont l'un représentait l'Histoire, et l'autre la Renommée. Enfin il portait un pavillon aux armes de l'intendant de la province, avec ces mots : *le Flesselles*.

Le ballon n'était pas depuis un quart d'heure dans les airs, quand il se fit dans l'enveloppe une déchirure de 15 mètres de long. Le volume énorme de la machine, le nombre des voyageurs, le poids excessif du lest, le mauvais état des toiles, fatiguées par de trop longues manœuvres, avaient rendu inévitable cet accident, qui faillit avoir des suites funestes. Parvenu en ce moment à 800 mètres de hauteur, l'aérostat s'abattit avec une rapidité effrayante. On vit aussitôt, à en croire les relations de l'époque, soixante mille personnes courir vers l'endroit où la machine allait tomber. Heureusement, et grâce à l'adresse de Pilâtre, cette descente rapide n'entraîna pas de suites graves. Les voyageurs en furent quittes pour un choc un peu rude. On aida les aéronautes à se dégager des toiles qui les enveloppaient : Joseph Montgolfier avait été le plus maltraité.

Cette ascension fit beaucoup de bruit et fut jugée très diversement. Les journaux en donnèrent les appréciations les plus opposées. En définitive, l'entreprise parut avoir échoué; mais ses courageux au-

Montgolfière lancée à Milan le 25 février 1784, par le chevalier Andreani et les frères Gerli.

teurs reçurent les hommages qui leur étaient dus.

Cependant l'opinion générale était pour les mécontents. On chansonna les voyageurs, on chansonna l'aérostat lui-même.

Le quatrième voyage aérien eut lieu en Italie. Le chevalier Paul Andreani fit construire, à ses frais, par les frères Gerli, architectes, une montgolfière destinée à recevoir des voyageurs.

Cet esquif aérien était de grande dimension. Composé de toile revêtue à l'intérieur d'un papier mince, il n'avait pas moins de 20 mètres de diamètre, et sa forme était exactement sphérique. Le fourneau destiné à recevoir les matières combustibles était placé près de l'ouverture inférieure, sur un cercle de cuivre, porté par quelques traverses de bois, fixées sur l'encadrement de l'ouverture circulaire du ballon.

On a vu par le dessin du ballon du marquis d'Arlandes, et par celui du *Flesselles*, que dans ces montgolfières les voyageurs étaient placés sur une galerie entourant l'extérieur de l'ouverture du ballon. Paul Andreani remplaça cette galerie circulaire par une nacelle d'osier semblable à celle dont Charles avait fait usage. Elle était suspendue par des cordes, au cercle qui formait l'encadrement de l'orifice du ballon, et était placée à une distance telle de l'ouverture du ballon, que l'on pût alimenter le feu avec une fourche, sans être incommodé par la chaleur du foyer.

L'ascension eut lieu à Milan, le 25 février 1784. Le feu ayant été allumé, la montgolfière se gonfla entièrement en moins de quatre minutes. On coupa les cordes et la machine emporta avec lenteur Andreani et les frères Gerli.

Elle s'éleva à une si grande hauteur que les spectateurs la perdirent entièrement de vue. Comme le vent les portait vers des collines voisines, sur lesquelles la descente aurait été difficile, et que la provision de combustible était sur le point de s'épuiser, nos voyageurs jugèrent à propos de descendre, après deux heures de promenade dans les airs.

La machine s'abattit lentement, à la lisière d'un bois voisin de Milan. Les voyageurs aériens appelèrent, au moyen d'un porte-voix, les paysans, qui leur donnèrent un concours intelligent, les aidèrent à descendre, et ramenèrent la montgolfière, encore à demi gonflée, au moyen des cordes qui pendaient, jusqu'à l'endroit même d'où elle était partie. La disposition du fourneau avait été si bien calculée que la toile qui composait la montgolfière n'était ni brûlée ni endommagée dans aucune de ses parties.

Cette ascension de voyageurs avait été précédée, en Italie, par quelques expériences aérostatiques. C'est ainsi que, le 11 décembre 1783, on avait lancé, à Turin, un petit ballon fabriqué avec de la baudruche.

En France, la fièvre aérostatique ne s'était pas calmée. Le 13 janvier 1784, une société d'amateurs, sous la direction de l'abbé Mably, lançait un aérostat de 6 mètres de diamètre, du château de Pisançon, près Romans, dans le Dauphiné ; et le même jour, à Grenoble, M. de Barin en lançait un autre, devant toute la population de la ville.

Le 16 janvier 1784, le comte d'Albon faisait partir, de sa maison de campagne de Franconville, aux environs de Paris, un aérostat à gaz hydrogène, de 5 mètres de diamètre, formé de soie gommée. On avait suspendu au-dessous une cage d'osier, contenant deux cochons d'Inde et un lapin.

L'aérostat s'éleva en peu d'instants à une hauteur telle qu'on le perdit entièrement de vue. On le trouva cinq jours après, à six lieues de son point de départ. Les animaux étaient restés en parfait état.

Le marquis de Bullion, à Paris, lança, le 3 février 1784, de son hôtel, qui devint célèbre, plus tard, sous le nom d'*Hôtel des ventes*, une montgolfière de papier, de 5 mètres de diamètre, qui avait, pour tout appareil destiné à la raréfaction de l'air, une large éponge imbibée d'un litre d'esprit-de-vin, et placée dans une assiette de fer-blanc. Ce ballon resta en l'air un quart d'heure, et ce temps lui suffit pour franchir une distance de neuf lieues : il tomba dans une vigne, près de Basville.

Une simple éponge imbibée d'huile, de graisse et d'esprit-de-vin, fut aussi tout l'appareil qui servit à faire partir, le 15 février 1784, une montgolfière à Mâcon. Elle était en papier, et le constructeur de cette machine, Cellard du Chastelais, s'était amusé à y suspendre un chat, enfermé dans une cage. En une demi-heure, la montgolfière n'était plus visible dans le ciel. Elle tomba, au bout de deux heures, à sept ou huit lieues de Mâcon. Le chat fut la malheureuse victime de cette expérience : il avait été sans doute asphyxié par la raréfaction de l'air dans les hautes régions.

Le 22 février 1784, on lança d'Angleterre un aérostat à gaz hydrogène, qui traversa la Manche : c'était un petit ballon, d'un mètre et demi de diamètre seulement. Il partit de Sandwich, dans le comté de Kent. Poussé par un vent du nord-ouest, il traversa rapidement la mer, et fut trouvé en France, dans la campagne, à environ trois lieues de Lille. A ce ballon était attachée une lettre, où l'on priait de faire connaître à William Boys, à Sandwich, le lieu et le moment où il aurait été trouvé.

Trois jours auparavant, on avait lancé à Oxford, du *Collège de la reine*, un aérostat tout semblable.

Argand, de Genève, l'immortel inventeur du verre de lampe à double courant d'air, rendait, à la même époque, le roi, la reine et la famille royale d'Angleterre témoins d'une expérience aérostatique, en lançant à Windsor un aérostat à gaz hydrogène, d'un mètre seulement de diamètre.

On voit qu'à cette époque toute l'Europe était passionnée pour ce genre de spectacle. Depuis les princes jusqu'aux simples particuliers, chacun avait la tête tournée vers le ciel. Il ne se passait pas de jour, il ne se passait pas de soirée, où l'on ne vît une montgolfière s'élever dans les airs. Peu de personnes tentaient la périlleuse aventure d'une ascension, mais partout on se donnait le plaisir de lancer d'inoffensives montgolfières ou des aérostats à gaz hydrogène.

C'est à cette époque, c'est-à-dire en 1784, que Blanchard, dont le nom était destiné à devenir célèbre dans les fastes de l'aérostation, fit à Paris sa première ascension.

Avant la découverte des ballons, Blanchard, qui possédait le génie, ou tout au moins le goût des arts mécaniques, s'était appliqué à trouver un mécanisme propre à naviguer dans les airs. Il avait construit un *bateau volant*, machine atmosphérique armée de rames et d'agrès, sur laquelle nous aurons à revenir en parlant du parachute, et avec laquelle il se soutenait quelque temps dans l'air, jusqu'à quatre-vingts pieds de hauteur. En 1782, il avait exposé sa machine dans les jardins d'une maison de la rue Taranne. La découverte des aérostats, qui survint sur ces entrefaites, le détermina à abandonner les recherches de ce genre, et il se fit aéronaute.

Sa première ascension au Champ-de-Mars eut lieu

le 2 mars 1784, en présence de tout Paris, que le brillant succès des expériences précédentes avait rendu singulièrement avide de ce genre de spectacle.

Blanchard s'éleva au-dessus de Passy, et vint descendre dans la plaine de Billancourt, près de la manufacture de Sèvres; il ne resta que cinq quarts d'heure dans l'air.

Cette ascension si courte fut marquée néanmoins par une circonstance curieuse. Tout le monde sait aujourd'hui qu'un aérostat ne doit jamais être entièrement gonflé au moment du départ; on le remplit seulement aux trois quarts environ. Il serait dangereux, en quittant la terre, de l'enfler complètement; car, à mesure que l'on s'élève, les couches atmosphériques diminuant de densité, le gaz hydrogène renfermé dans l'aérostat acquiert plus d'expansion, en raison de la diminution de résistance de l'air extérieur. Les parois du ballon céderaient donc à l'effort du gaz, si on ne lui ouvrait pas une issue. Aussi l'aéronaute observe-t-il avec beaucoup d'attention l'état de l'aérostat, et lorsque ses parois très distendues indiquent une grande expansion du gaz intérieur, il ouvre la soupape et laisse échapper un peu d'hydrogène. Blanchard, tout à fait dépourvu de connaissances en physique, ignorait cette particularité. Son ballon s'éleva, gonflé outre mesure, et l'imprudent aéronaute, ne comprenant nullement le péril qui le menaçait, s'applaudissait de son adresse, et admirait ce qui pouvait causer sa perte. Les parois du ballon font bientôt effort de toutes parts; elles vont éclater. Blanchard, arrivé à une hauteur considérable, cède moins à la conscience du danger qui le menace qu'à l'impression d'épouvante causée sur lui par l'im-

Ascension de Blanchard au Champ-de-Mars, à Paris, le 2 mars 1784.

mensité des mornes et silencieuses régions au milieu desquelles l'aérostat l'a brusquement transporté; il ouvre la soupape, il redescend, et cette terreur salutaire l'arrache au péril où son ignorance l'entraînait.

Blanchard se vanta de s'être élevé à quatre mille mètres plus haut qu'aucun des aéronautes qui l'avaient précédé, et il assura avoir dirigé son ballon contre le vent, à l'aide de son gouvernail et de ses rames. Mais les physiciens, qui avaient observé l'aérostat d'un lieu élevé, démentirent son assertion, et publièrent que les variations de sa marche devaient être uniquement attribuées aux courants d'air qu'il avait rencontrés. Et comme il avait écrit sur les banderoles de son ballon et sur les cartes d'entrée au Champ-de-Mars cette devise fastueuse : *Sic itur ad astra*, on lança contre lui cette épigramme :

Au Champ-de-Mars il s'envola,
Au champ voisin il resta là;
Beaucoup d'argent il ramassa.
Messieurs, *Sic itur ad astra.*

Le 4 juin 1784, la ville de Lyon vit une nouvelle ascension aérostatique, dans laquelle, pour la première fois, une femme, madame Thible, brava, dans un ballon à feu, les périls d'un voyage aérien. Cette belle ascension fut exécutée en l'honneur du roi de Suède, qui se trouvait alors de passage à Lyon.

Pilâtre de Rozier et le chimiste Proust exécutèrent bientôt après, à Versailles, en présence de Louis XVI et du roi de Suède, un des voyages aérostatiques les plus remarquables que l'on eût encore faits.

L'appareil était dressé dans la grande cour du château. A un signal qui fut donné par une décharge de mousqueterie, une tente de quatre-vingt-dix pieds de hauteur qui cachait l'appareil s'abattit soudainement, et l'on aperçut une immense montgolfière, maintenue par cent cinquante cordes, que retenaient quatre cents ouvriers. Dix minutes après, une seconde décharge annonça le départ du ballon, qui s'éleva avec une lenteur majestueuse, et alla descendre près de Chantilly, à treize lieues de son point de départ.

Proust et Pilâtre de Rozier parcoururent, dans ce voyage, la plus grande distance que l'on ait jamais franchie avec une montgolfière ; ils atteignirent aussi la hauteur la plus grande à laquelle on puisse s'élever avec un appareil de ce genre. Ils demeurèrent assez longtemps plongés dans les nuages et enveloppés dans la neige qui se formait autour d'eux.

CHAPITRE VI

L'aérostat de l'Académie de Dijon. — Premier essai pour la direction des aérostats. — Ascension du duc de Chartres et des frères Robert, à Saint-Cloud. — La première ascension faite en Angleterre. — Vincent Lunardi. — Blanchard traverse en ballon le Pas de Calais. — Honneurs publics rendus à cet aéronaute.

Le zèle des aéronautes et des savants ne se ralentissait pas. Chaque jour, pour ainsi dire, était marqué par une ascension, qui présenta souvent les circonstances les plus curieuses et les plus dignes d'intérêt.

Le 6 août 1784, l'abbé Camus, professeur de philosophie, et Louchet, professeur de belles-lettres, firent, à Rodez, un voyage aérien dans une montgolfière. L'expérience, très bien conduite, marcha régulièrement, mais n'enseigna rien de nouveau.

En même temps, sur tous les points de la France, se succédaient des ascensions, plus ou moins périlleuses. A Marseille, deux négociants, Brémond et Maret, s'élevèrent dans une montgolfière de 16 mètres de diamètre. A leur première ascension, ils ne restèrent en l'air que quelques minutes. Ils s'élevèrent très haut à leur second voyage ; mais la machine s'embrasa au milieu des airs, et ils ne regagnèrent la terre qu'au prix des plus grands dangers.

Étienne Montgolfier lança, à Paris, un ballon captif, qui dépassa la hauteur des plus grands édifices. La marquise et la comtesse de Montalembert, la comtesse de Podenas et mademoiselle Lagarde étaient les aéronautes de ce galant équipage, que commandait le marquis de Montalembert. Ce ballon, construit aux frais du roi, était parti du jardin de Réveillon, dans le faubourg Saint-Antoine.

A Aix, en Provence, un amateur, nommé Rambaud, s'enleva dans une montgolfière de 16 mètres de diamètre. Il resta dix-sept minutes en l'air et atteignit une hauteur considérable. Redescendu à terre, il sauta hors du ballon, sans songer à le retenir. Allégé de ce poids, le ballon partit comme une flèche. On le vit bientôt prendre feu et se consumer dans l'atmosphère.

Vinrent ensuite, à Nantes, les ascensions du grand aérostat à gaz hydrogène, baptisé du glorieux nom de *Suffren*, monté d'abord par Coustard de Massy et le révérend père Mouchet, de l'Oratoire, puis par M. de Luynes.

A Bordeaux, d'Arbelet des Granges et Chalfour s'élevèrent dans une montgolfière, jusqu'à près de mille mètres, et firent voir que l'on pouvait assez facilement descendre et monter à volonté en augmentant ou dimi-

Guyton de Morveau.

nuant le feu. Ils descendirent, sans accident, à une lieue de leur point de départ.

Malgré tout ce qu'on en avait espéré, les nombreuses ascensions qui furent exécutées avec un magnifique aérostat à gaz hydrogène, construit par les soins de l'Académie de Dijon, et monté, à diverses reprises, par Guyton de Morveau, l'abbé Bertrand et M. de Virly, n'apportèrent à la science naissante de l'aérostation que peu de résultats utiles.

Guyton de Morveau avait fait construire, pour essayer de se diriger dans les airs, une machine armée de quatre rames. Au moment du départ, un coup de vent endommagea l'appareil et mit deux rames hors de service. Cependant Guyton assure avoir produit, avec les deux rames qui lui restaient, un effet sensible sur les mouvements du ballon.

Ces expériences furent continuées très longtemps, et l'Académie de Dijon fit à ce sujet de grandes dépenses de temps et d'argent. On finit cependant par reconnaître que l'on s'attaquait à un problème insoluble.

Les résultats de ces longs et inutiles essais sont consignés dans un volume in-octavo, publié, en 1785, par Guyton de Morveau, sous ce titre : *Description de l'aérostat de l'Académie de Dijon.*

L'aérostat de l'Académie de Dijon était de soie recouverte d'un vernis gras, siccatif. Sa partie supérieure était coiffée d'un fort filet en tresse de rubans, de seize lignes de largeur, venant s'attacher, vers la moitié du globe, à un cercle de bois, qui l'entourait comme une ceinture et supportait la nacelle au moyen de cordes. Ce cercle servait en même temps à supporter deux voiles placées aux deux extrémités opposées, et qui étaient destinées à fendre l'air, dans la direction que l'on voulait suivre. Ces voiles étaient composées de toile tendue sur un cadre de bois. Sur l'une de ces voiles, de 7 pieds de haut et de 11 pieds de large, étaient peintes les armes de la famille de

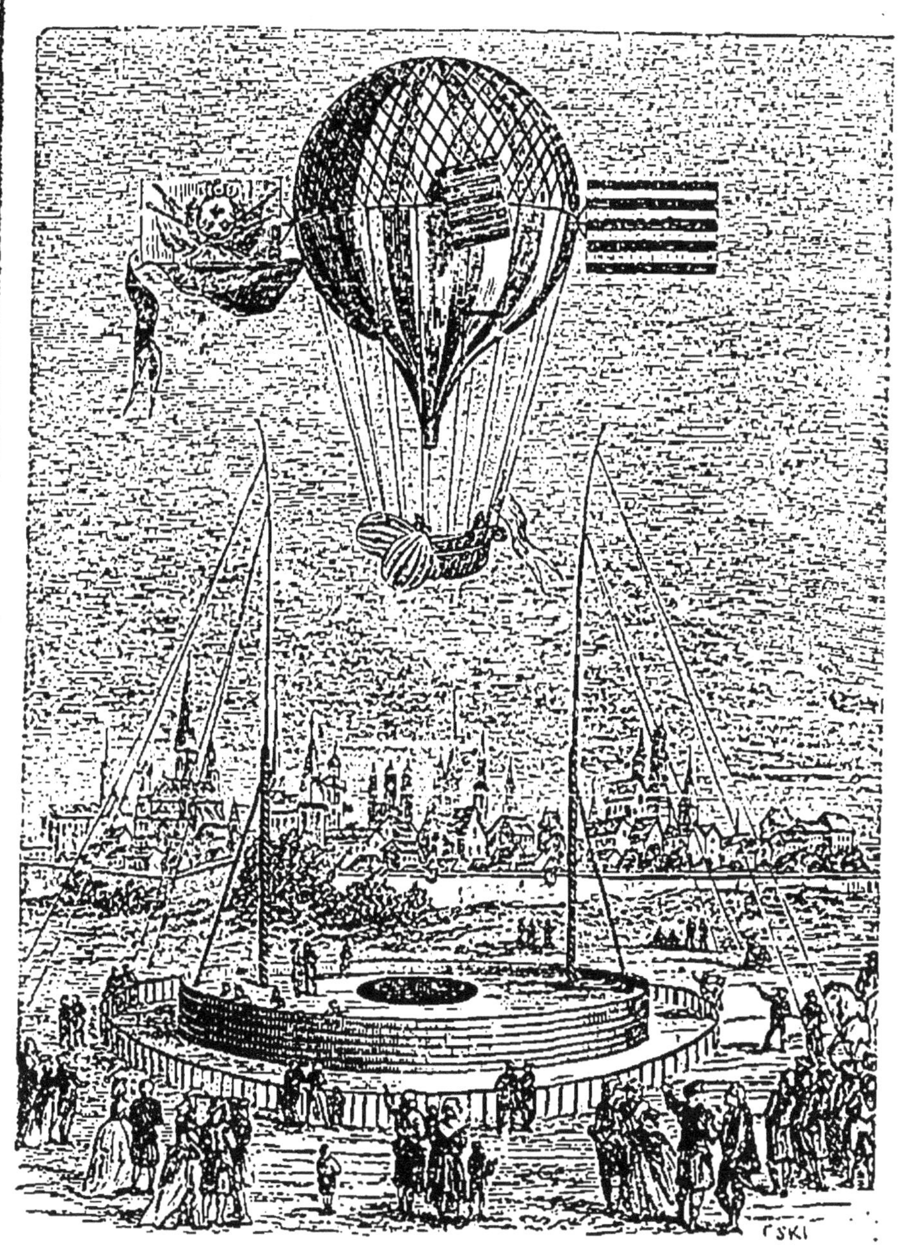

Ascension faite le 12 juin 1784, avec l'aérostat de l'Académie de Dijon, par Guyton de Morveau et de Virly.

Condé. L'autre, qui était bariolée comme un pavillon et qui avait une dimension de soixante-six pieds carrés, devait fonctionner comme une sorte de gouvernail. En outre, deux rames, placées entre la *proue* et le *gouvernail*, devaient battre l'air, comme les ailes d'un oiseau. Ces dernières rames présentaient à l'air une surface de vingt-quatre pieds carrés. Les rames, la proue et le gouvernail, devaient être manœuvrés, à l'aide de cordes, par les aéronautes placés dans la nacelle.

A la nacelle étaient attachées d'autres rames, plus petites.

C'est avec ces moyens d'action que Guyton de Morveau, de Virly et l'abbé Bertrand essayèrent de se diriger dans les airs. L'insuccès qu'ils éprouvèrent démontra qu'il était impossible de se servir, comme moyen de direction, d'engins aussi faibles, et surtout de se contenter, comme moteur, de la force de l'homme.

Cependant les expériences des académiciens de Dijon figurent parmi les plus sérieuses que l'on ait faites, pour appliquer la force de l'homme à la direction de la marche d'un aérostat.

Le 15 juillet 1784, le duc de Chartres, depuis Philippe-Égalité, exécuta à Saint-Cloud, avec les frères Robert, une ascension qui mit à de terribles épreuves le courage des aéronautes.

Les frères Robert avaient construit un aérostat à gaz hydrogène, de forme très oblongue, de 18 mètres de hauteur et de 12 mètres de diamètre. On avait disposé, dans l'intérieur de ce grand ballon, un autre globe beaucoup plus petit, rempli d'air ordinaire. Cette disposition, destinée à suppléer à l'emploi de la soupape, devait permettre de descendre ou de re-

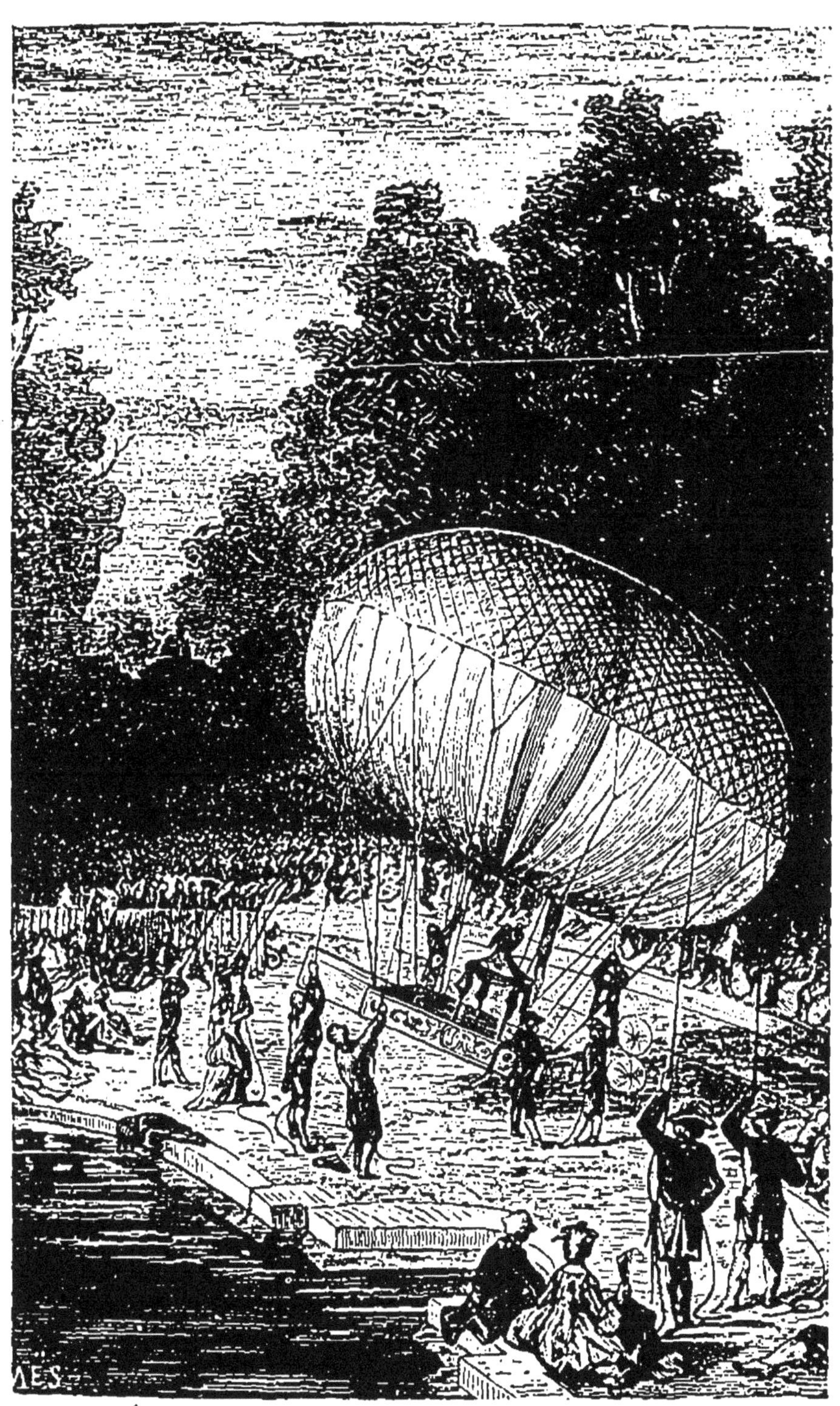

Ascension du duc de Chartres et des frères Robert.

monter dans l'atmosphère sans avoir besoin de perdre du gaz. Parvenu dans une région élevée, l'hydrogène, en se raréfiant par l'effet de la diminution de la pression extérieure, devait comprimer l'air contenu dans le petit globe intérieur, et en faire sortir une quantité d'air correspondant au degré de sa dilatation. Cet ingénieux moyen avait été proposé par Meunier, plus tard général de la République, et qui a fait un grand nombre de travaux sur l'aérostation. On avait aussi adapté à la nacelle un large gouvernail et deux rames, dans l'espoir de se diriger.

A 8 heures, les deux frères Robert, Collin-Hullin et le duc de Chartres, s'élevèrent du parc de Saint-Cloud, en présence d'un grand nombre de curieux, qui étaient arrivés, de grand matin, de Saint-Cloud et des lieux environnants.

Trois minutes après le départ, l'aérostat disparaissait dans les nues ; les voyageurs perdirent de vue la terre et se trouvèrent environnés d'épais nuages. La machine, obéissant alors aux vents impétueux et contraires qui régnaient à cette hauteur, tourbillonna et tourna plusieurs fois sur elle-même. Le vent agissant avec violence sur la surface étendue que présentait le gouvernail doublé de taffetas, le ballon éprouvait une agitation extraordinaire et recevait des coups violents et répétés. Rien ne peut rendre la scène effrayante qui suivit ces premières bourrasques. Les nuages se précipitaient les uns sur les autres, ils s'amoncelaient au-dessous des voyageurs et semblaient vouloir leur fermer le retour vers la terre. Dans une telle situation, il était impossible de songer à tirer parti de l'appareil de direction. Les aéronautes arrachèrent le gouvernail et jetèrent au loin les rames.

La machine continuant d'éprouver des oscillations de plus en plus violentes, ils résolurent, pour s'alléger, de se débarrasser du petit globe contenu dans l'intérieur de l'aérostat. On coupa les cordes qui le retenaient ; le petit globe tomba, mais il fut impossible de le tirer au dehors. Il était tombé si malheureusement, qu'il était venu s'appliquer juste sur l'orifice de l'aérostat, dont il fermait complètement l'ouverture.

Dans ce moment, un coup de vent parti de la terre les lança vers les régions supérieures, les nuages furent dépassés, et l'on aperçut le soleil. Mais la chaleur de ses rayons et la raréfaction considérable de l'air dans ces régions élevées ne tardèrent pas à occasionner une grande dilatation du gaz. Les parois du ballon étaient fortement tendues, et son ouverture inférieure, si malheureusement fermée par l'interposition du petit globe, empêchait le gaz dilaté de trouver, comme à l'ordinaire, une libre issue par l'orifice inférieur. Les parois étaient gonflées au point d'éclater sous la pression du gaz.

Les aéronautes, debout dans la nacelle, prirent de longs bâtons, et essayèrent de soulever le petit globe qui obstruait l'orifice de l'aérostat ; mais l'extrême dilatation du gaz le tenait si fortement appliqué, qu'aucune force ne put vaincre cette résistance. Pendant ce temps, ils continuaient de monter, et le baromètre indiquait que l'on était parvenu à la hauteur de 4,800 mètres.

Dans ce moment critique, le duc de Chartres prit un parti désespéré : il saisit un des drapeaux qui ornaient la nacelle, et avec le bois de lance il troua en deux endroits l'étoffe du ballon. Il se fit une ouverture de 2 ou 3 mètres ; le ballon descendit aussitôt avec une vitesse effrayante, et la terre reparut aux yeux des voyageurs. Heureusement, quand on arriva dans une atmosphère plus dense, la rapidité de la chute se ralentit et finit par devenir très modérée. Les aéronautes commençaient à se rassurer, lorsqu'ils reconnurent qu'ils étaient près de tomber dans un étang. Ils jetèrent à l'instant soixante livres de lest, et à l'aide de quelques manœuvres ils réussirent à aborder sur la terre, à quelque distance de l'étang de la Garenne, dans le parc de Meudon.

Toute cette expédition avait duré à peine quelques minutes. Le petit globe rempli d'air était sorti à travers l'ouverture de l'aérostat ; il tomba dans l'étang.

L'Angleterre n'avait pas encore eu le spectacle d'un aérostat portant des voyageurs. Le 25 novembre 1783, le comte Zambeccari, qui devait plus tard mourir victime de l'aérostation, avait lancé, à Londres, un ballon sphérique, à gaz hydrogène, du diamètre de 3 mètres. Mais personne, en Angleterre, n'avait osé se confier à un esquif aérien, et ce fut un Italien, le capitaine Vincent Lunardi, qui, donnant l'exemple du courage, osa s'élancer dans les airs devant la population de Londres.

Le 14 septembre 1784, l'aérostat fut porté à une place nommée *Artillery Ground*, et on le gonfla avec du gaz hydrogène pur, obtenu par l'action de l'acide sulfurique sur le zinc. Il fallut un jour et une nuit pour le remplir. Ce ballon n'avait pas de soupape, il mesurait 10 mètres de diamètre, et présentait, quand il était bien gonflé, la forme d'une sphère.

Lunardi s'élança, au milieu des acclamations et des hourrahs de la multitude rassemblée sur la place, en agitant un drapeau qu'il tenait à la main, ayant pour compagnons de voyage un pigeon, un chat et un chien. Il s'était muni d'une rame, qui devait servir à le diriger, mais qui ne lui fut, comme on le devine, d'aucun secours. Il descendit au bout d'une heure et

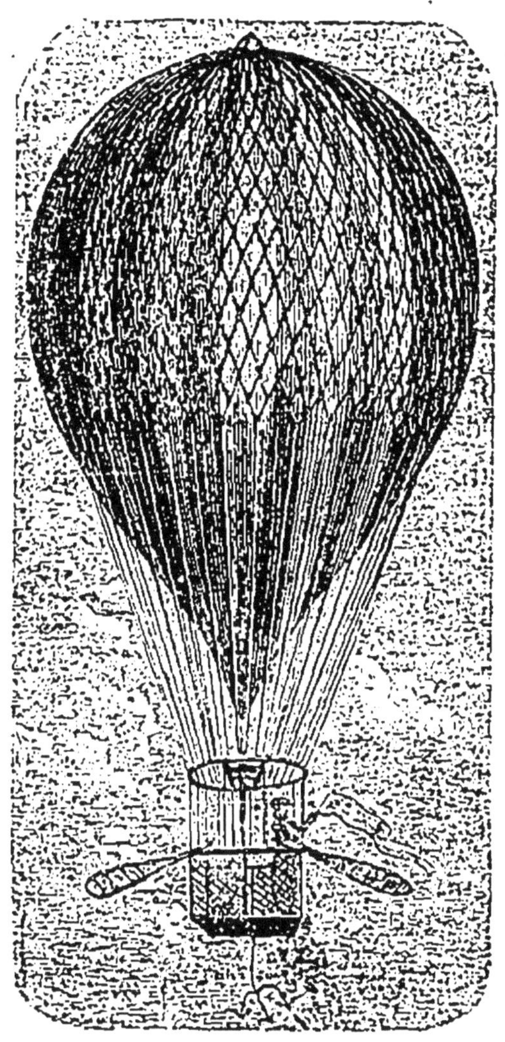

Ascension de Lunardi, à Londres, le 14 septembre 1784.

demie, et laissa à terre le chat à moitié mort de froid : puis il remonta, pour aller descendre, une heure après, dans une prairie de la paroisse de Standon (comté d'Hertfort).

L'exemple donné, à Londres, par un Italien fut bientôt suivi, à Oxford, par un Anglais, Salder, devenu célèbre depuis, comme aéronaute.

Sheldon, professeur d'anatomie, et membre distingué de la *Société royale de Londres*, fit, de son côté, une ascension, en compagnie de Blanchard. Il essaya, mais sans succès, de se diriger à l'aide d'un mécanisme moteur en forme d'hélice.

Enhardi par le succès de ces premiers voyages, Blanchard conçut alors un projet, dont l'audace, à cette époque où la science aérostatique en était encore aux tâtonnements, pouvait à bon droit être taxée de folie : il voulut franchir en ballon la distance qui sépare l'Angleterre de la France. Cette traversée miraculeuse, où l'aéronaute pouvait trouver cent fois la mort, ne réussit que par le plus grand des hasards, et par ce seul fait que le vent resta pendant trois heures sans variation sensible.

Blanchard accordait une confiance extrême à l'appareil de direction qu'il avait imaginé. Il voulut justifier par un trait éclatant la vérité de ses assertions, et il annonça, par la voie des journaux anglais, qu'au premier vent favorable, il traverserait la Manche de Douvres à Calais. Le docteur Gefferies, ou Jefferiès, comme l'écrit Callo, s'offrit pour l'accompagner.

Le 7 janvier 1785, le ciel était serein ; le vent, très faible, soufflait du nord-nord-ouest. Blanchard, accompagné du docteur Jefferies, sortit du château de Douvres et se dirigea vers la côte. Le ballon fut rempli de gaz, et on le plaça à quelques pieds du bord d'un rocher escarpé, d'où l'on aperçoit le précipice décrit par Shakspeare dans le *Roi Lear*. A une heure, le ballon fut abandonné à lui-même ; mais son poids se

Blanchard et le docteur Jefferies traversent le détroit du Pas-de-Calais en ballon, le 7 janvier 1785.

trouvant un peu fort, on fut obligé de jeter une partie du lest et de ne conserver que trente livres de sable. Le ballon s'éleva lentement, et s'avança vers la mer, poussé par un vent léger.

Les voyageurs eurent alors sous les yeux un spectacle admirable. D'un côté, les belles campagnes qui s'étendent derrière la ville de Douvres présentaient une vue magnifique ; l'œil embrassait un horizon si étendu que l'on pouvait apercevoir et compter à la fois trente-sept villes ou villages ; de l'autre côté, les roches escarpées qui bordent le rivage, et contre lesquelles la mer vient se briser, offraient par leurs anfractuosités et leurs dentelures énormes le plus curieux et le plus formidable aspect. Arrivés en pleine mer, ils passèrent au-dessus de plusieurs vaisseaux.

Cependant, à mesure qu'ils avançaient, le ballon se dégonflait un peu, et à une heure et demie, il descendait visiblement. Pour se relever, ils jetèrent la moitié de leur lest ; ils étaient alors au tiers de la distance à parcourir, et ne distinguaient plus le château de Douvres. Le ballon continuant de descendre, ils furent contraints de jeter tout le reste de leur provision de sable, et cet allègement n'ayant pas suffi, ils se débarrassèrent de quelques autres objets qu'ils avaient emportés. Le ballon se releva et continua de cingler vers la France ; ils étaient alors à la moitié du terme de leur périlleux voyage.

A 2 heures et quart, l'ascension du mercure dans le baromètre leur annonça que le ballon recommençait à descendre : ils jetèrent quelques outils, une ancre et quelques autres objets, dont ils avaient cru devoir se munir. A 2 heures et demie, ils étaient parvenus aux trois quarts environ du chemin, et ils commençaient à apercevoir la perspective, si ardemment désirée, des côtes de la France.

En ce moment, le ballon se dégonflait, par la perte du gaz, et les aéronautes reconnurent avec effroi qu'il descendait avec une certaine rapidité. Tremblant à la pensée de tomber à la mer, ils se hâtèrent de se débarrasser de tout ce qui n'était pas indispensable à leur salut : ils jetèrent leurs provisions de bouche. Le gouvernail et les rames, surcharge inutile, furent lancés dans l'espace; les cordages prirent le même chemin; ils dépouillèrent leurs vêtements et les jetèrent.

En dépit de tout, le ballon descendait toujours.

On dit que, dans ce moment suprême, le docteur Jefferies offrit à son compagnon de se lancer à la mer. « Nous sommes perdus tous les deux, lui dit-il; si vous croyez que ce moyen puisse vous sauver, je suis prêt à faire le sacrifice de ma vie. »

Néanmoins, une dernière ressource leur restait encore : ils pouvaient se débarrasser de leur nacelle et se cramponner aux cordages du ballon. Ils se disposaient à essayer cette dernière et terrible ressource; ils se tenaient tous les deux suspendus aux cordages du filet, prêts à couper les liens qui retenaient la nacelle, lorsqu'ils crurent sentir dans la machine un mouvement d'ascension : le ballon remontait en effet. Il continua de s'élever, reprit sa route, et le vent étant toujours favorable, ils furent poussés rapidement vers la côte.

Leurs terreurs furent vite oubliées, car ils apercevaient distinctement Calais et la ceinture des villages qui l'environnent. A 3 heures, ils passèrent par-dessus la ville et vinrent enfin s'abattre dans la forêt de Guines. Le ballon se reposa sur un grand chêne; le docteur Jefferies saisit une branche, et la marche fut arrêtée.

On ouvrit la soupape, le gaz s'échappa, et c'est ainsi que les heureux aéronautes sortirent sains et saufs de l'entreprise la plus extraordinaire peut-être que la témérité de l'homme ait jamais osé tenter.

Le lendemain, le succès de cet événement fut célébré à Calais par une fête publique. Le pavillon français fut hissé devant la maison où les voyageurs avaient couché. Le corps municipal et les officiers de la garnison vinrent leur rendre visite. A la suite d'un dîner qu'on leur donna à l'hôtel de ville, le maire présenta à Blanchard, dans une boite d'or, des lettres qui lui accordaient le titre de citoyen de la ville de Calais. La municipalité lui acheta, moyennant trois mille francs et une pension de six cents francs, le ballon qui avait servi à ce voyage, et qui fut déposé dans la principale église de Calais, comme le fut autrefois, en Espagne, le vaisseau de Christophe Colomb.

Quelques jours après, Blanchard parut devant Louis XVI, qui lui accorda une gratification de douze cents livres, et une pension de la même somme. La reine, qui était au jeu, mit pour lui une carte, et lui fit compter une forte somme qu'elle gagna. En un mot, rien ne manqua au triomphe de Blanchard, pas même la jalousie des envieux, qui lui donnèrent à cette occasion le surnom *Don Quichotte de la Manche*.

Une colonne commémorative fut élevée en l'honneur de Blanchard, dans le lieu de la forêt où l'aérostat était descendu.

CHAPITRE VII

Pilâtre de Rozier construit, avec les frères Romain, une aéro-montgolfière, pour traverser la Manche. — Mort de Pilâtre de Rozier et de Romain sur la côte de Boulogne.

L'éclatant succès de l'entreprise de Blanchard, le retentissement immense qu'il eut en Angleterre et sur le continent, doivent compter parmi les causes d'un des plus tristes événements qui aient marqué l'histoire de l'aérostation. Bien avant le jour où Blanchard avait exécuté le passage de la Manche en ballon, Pilâtre de Rozier avait annoncé qu'il franchirait la mer, de Boulogne à Londres, traversée excessivement périlleuse, en raison du peu de largeur des côtes d'Angleterre, qu'il était facile de dépasser.

On avait essayé inutilement de faire comprendre à Pilâtre les périls auxquels cette entreprise allait l'exposer. Il assurait avoir trouvé un nouveau système d'aérostat, qui réunissait toutes les conditions nécessaires de sécurité, et permettrait de se maintenir dans les airs un temps considérable. Sur cette assurance, le gouvernement lui accorda une somme de quarante mille francs, pour construire sa machine.

On apprit alors quelle était la combinaison qu'il avait imaginée. Il réunissait en un système unique les deux moyens dont on avait fait usage jusque-là. Au-dessous d'un aérostat à gaz hydrogène il suspendait une montgolfière. Il est assez difficile de bien apprécier les motifs qui portèrent Pilâtre de Rozier à adopter cette disposition, car il faisait sur ce point un certain mystère de ses idées. Il est probable que, par l'addition d'une montgolfière, il voulait s'affranchir de la nécessité de jeter du lest pour s'élever et de perdre du gaz pour descendre : le feu, activé ou ralenti dans la montgolfière, devait fournir une force ascensionnelle supplémentaire.

Quoi qu'il en soit, ces deux systèmes qui, isolés, ont chacun leurs avantages, formaient, réunis, la plus détestable combinaison. Il n'était que trop aisé de comprendre à quels dangers terribles l'existence d'un foyer dans le voisinage d'un gaz inflammable, comme l'hydrogène, exposait l'aéronaute. « Vous mettez un réchaud sous un baril de poudre, » disait le professeur Charles à Pilâtre de Rozier. Mais celui-ci n'entendait rien : il n'écoutait que son intrépidité et l'incroyable exaltation scientifique dont il avait déjà donné tant de preuves, et qui était comme le caractère de son esprit.

Comme il avait besoin d'aide pour construire son ballon, il s'adressa à un habitant de Boulogne, nommé Pierre-Ange Romain, ancien procureur au bailliage de Rouen, receveur des consignations, et commissaire aux saisies, poste dont il venait de se démettre, le 2 juillet 1784. Pierre-Ange Romain, ou *Romain l'aîné*, avait un frère plus jeune que lui, qui s'occupait de physique, et sur lequel il comptait, avec raison, pour toutes les questions scientifiques relatives au futur voyage aérien. A partir de ce moment du reste, il s'occupa lui-même avec ardeur de l'art de construire et de perfectionner les ballons. Il fabriqua à Paris, avec son frère, dans une salle du château des Tuileries, le ballon qui devait l'emporter, lui et Pilâtre.

Un traité d'association avait été conclu, le 17 septembre 1784, entre Pilâtre de Rozier et Pierre-Ange Romain.

L'ascension fut annoncée pour le 1er janvier 1785. L'aérostat était déposé dans l'établissement de bains de

Pilâtre de Rozier.

mer qui porte aujourd'hui, à Boulogne, le nom d'*Hôtel des bains*. Mais l'ascension n'eut pas lieu à l'époque désignée. Bien plus, Pilâtre partit pour l'Angleterre, laissant Romain à Boulogne. Il se rendait à Douvres, où sans doute il voulait voir Blanchard, qui préparait en ce moment sa traversée de la Manche en ballon.

Pilâtre était de retour à Boulogne le 4 janvier, et il ne paraissait pas songer à exécuter encore le voyage promis. Nous avons dit que c'est le 7 janvier 1785 que Blanchard, partant de Douvres, dans son aérostat, exécuta heureusement la traversée de la Manche. Ainsi, Pilâtre de Rozier avait été devancé, et l'un de ses compatriotes avait exécuté à sa place l'entreprise dont il s'était solennellement chargé.

Il partit aussitôt pour Paris, où il arriva en même temps que son heureux rival. Il venait confier ses craintes à M. de Calonne. Mais le ministre le reçut fort mal.

« Nous n'avons pas dépensé, lui dit-il, cent mille francs pour vous faire voyager avec l'aérostat sur la côte. Il faut utiliser la machine et passer le détroit. »

Pilâtre de Rozier repartit, la mort dans l'âme. Il revenait avec le cordon de Saint-Michel, et la promesse d'une pension de six mille livres; mais il ne pouvait se défendre des plus tristes pressentiments.

Pendant son absence, on avait rempli le ballon de gaz hydrogène, dans la cour de l'établissement des bains. Toute la ville de Boulogne avait assisté à ce spectacle, et admiré les belles dispositions de l'*aéro-montgolfière*.

Nous représentons ici l'*aéro-montgolfière* de Pilâtre de Rozier et de Romain, composée, comme on le voit, de l'association d'une montgolfière oblongue, ou *ballon à air chaud*, et d'un aérostat à gaz hydrogène, de forme sphérique.

Pilâtre de Rozier, de retour à Boulogne le 21 janvier, fit apporter, le lendemain, l'*aéro-montgolfière*,

Aéro-montgolfière de Pilâtre de Rozier et de Romain.

qu'il installa sur l'esplanade. L'appareil chimique nécessaire à la préparation de l'hydrogène, et le gazomètre destiné à le recueillir, étaient placés sous des tentes, le long des remparts, entre la rue des Dunes et la porte des Pipots.

Mais les jours et les mois se passaient sans rien amener. On attendait un vent favorable, et quand il s'élevait, le ballon n'était pas en état de partir. On rencontrait, à chaque instant, des difficultés nouvelles.

Malgré les fonds envoyés par le ministre, Romain s'était endetté de plus de onze mille francs, pour la construction de l'aérostat à gaz, et il devait trois mille cinq cent francs pour la montgolfière. Ses créanciers l'inquiétaient, et allaient jusqu'à le menacer de saisir l'aérostat. Romain renvoyait à Pilâtre les fournisseurs, qui exigeaient leur payement; Pilâtre les renvoyait au ministre, lequel faisait la sourde oreille.

Les embarras de Romain allèrent au point qu'il fut au moment de quitter la ville, et de passer à l'étranger, sans doute pour se soustraire aux difficultés d'une position trop fâcheuse. C'est ainsi, du moins, qu'on peut expliquer le passeport qu'il se fit délivrer, le 12 mai, pour la Hollande et l'Angleterre.

Cependant la pièce tant annoncée ne se jouait pas; depuis six mois on attendait en vain le lever du rideau. Aussi les vers satiriques et les brocards accablaient-ils, à Boulogne, le malheureux Pilâtre de Rozier. Tous les rimeurs se répandaient à l'envi contre lui en épigrammes, en poëmes et en chansons sur tous les airs.

Cependant Pilâtre ne pouvait plus reculer. Il avait pris auprès du gouvernement et du public des engagements qu'il ne pouvait fouler aux pieds sans déshonneur : il devait compte à l'État de toutes les sommes que le ministre lui avait comptées. D'un autre côté, ses créanciers ne cessaient de le presser, et sous ce rapport, sa position n'était plus tenable. L'auteur de l'*Année historique de Boulogne* affirme que lorsque Pilâtre et Romain partirent pour le voyage aérien où ils devaient trouver la mort, ils étaient cités en justice, pour le lendemain, devant la sénéchaussée de Boulogne, en payement d'un mémoire de trois cent quatre-vingt-trois livres quatorze sous, qu'ils devaient depuis trois mois.

Le 15 juin 1785, à 7 heures du matin, Pilâtre de Rozier et Romain se rendirent sur la côte de Boulogne, pour effectuer leur départ dans l'*aéro-montgolfière*. Trois ballons d'essai ayant fait connaître la direction du vent, un coup de canon annonça à la ville le moment de leur départ.

Le marquis de Maisonfort, officier supérieur, voulait absolument être du voyage. Il jeta dans le chapeau de Pilâtre un rouleau de 200 louis et mit pied dans la nacelle. Mais l'aéronaute le repoussa, en disant :

« Je ne puis vous emmener, car nous ne sommes sûrs, ni du vent, ni de la machine, et nous ne voulons exposer que nous-mêmes. »

M. de Maisonfort demeura donc, heureusement pour sa personne, simple spectateur du départ, et c'est à lui que l'on doit la relation la plus exacte du drame qui s'accomplit sous ses yeux.

Les causes de la catastrophe qui coûta la vie aux deux aéronautes sont encore enveloppées d'un certain mystère. M. de Maisonfort en a donné l'explication suivante.

La double machine, c'est-à-dire la montgolfière surmontée de l'aérostat à gaz hydrogène, s'éleva avec une assez grande rapidité, jusqu'à quatre cents mètres environ. Mais à cette hauteur, on vit tout d'un coup l'aérostat à gaz hydrogène se dégonfler, et retomber presque aussitôt sur la montgolfière. Celle-ci tourna trois fois sur elle-même ; puis, entraînée par ce poids, elle s'abattit avec une vitesse effrayante.

Voici, selon M. de Maisonfort, ce qui était arrivé. Peu de minutes après leur départ, les voyageurs furent assaillis par un vent contraire, qui les rejetait vers la terre. Il est probable alors que, pour descendre et chercher un courant d'air plus favorable qui les ramenât à la mer, Pilâtre de Rozier tira la soupape de l'aérostat à gaz hydrogène. Mais la corde attachée à cette soupape était très longue : elle n'avait pas moins de cent pieds, car elle allait de la nacelle placée au-dessous de la montgolfière jusqu'au sommet de l'aérostat. Aussi jouait-elle difficilement. Le frottement très rude qu'elle occasionna déchira la soupape. L'étoffe du ballon était fatiguée par le grand nombre d'essais préliminaires que l'on avait faits à Boulogne et par plusieurs tentatives de départ ; elle se déchira, près de la soupape, sur une étendue de plusieurs mètres, la soupape retomba dans l'intérieur du ballon, et celui-ci se trouva vide en quelques instants. Il n'y eut donc pas, comme on l'a dit souvent, inflammation du gaz au milieu de l'atmosphère ; on reconnut, après la chute, que le réchaud de la montgolfière n'avait pas été allumé. La véritable cause de l'accident, c'est que l'aérostat à hydrogène, dégonflé par la perte du gaz, retomba sur la montgolfière, et que le poids de cette masse l'entraîna vers la terre.

M. de Maisonfort courut vers l'endroit où l'aérostat

Mort de Pilâtre de Rozier et de Romain, sur la côte de Boulogne, le 15 juin 1785.

venait de s'abattre. Les malheureux voyageurs n'avaient pas même dépassé le rivage, et étaient tombés près du bourg de Vimille. Par une triste ironie du hasard, ils vinrent expirer à l'endroit même où Blanchard était descendu, non loin de la colonne monumentale élevée à sa gloire. Aujourd'hui les voyageurs français qui se rendent en Angleterre, en traversant Calais, ne manquent pas d'aller visiter, près de la forêt de Guines, le monument consacré à l'expédition de Blanchard. Ensuite on fait quelques pas, et à une certaine distance, le *cicerone* vous désigne du doigt le point du rivage où ses émules ont expiré.

La mort fit de Pilâtre et de Romain des héros. Les traits de la satire et de l'envie s'émoussèrent devant leur cercueil ; on ne trouva plus que des larmes pour les pleurer.

CHAPITRE VIII

Autres ascensions aérostatiques de 1785 à 1794. — Le docteur Potain traverse le canal Saint-Georges. — Lunardi. — Harper. — Alban et Vallet. — L'abbé Miollan ; sa déconvenue au Luxembourg.

La mort de ces premiers martyrs de la science aérostatique n'arrêta pas l'élan de leurs successeurs. En 1785, on vit, suivant l'expression d'un aéronaute qui a écrit le *Manuel* de son art, Dupuis-Delcourt, « le ciel se couvrir littéralement de ballons ». Toutes ces ascensions, qui n'ont plus pour elles l'attrait de la nouveauté et qui ne répondent à aucune intention

Le *Comte d'Artois*, aérostat à gaz hydrogène, construit par Alban et Vallet.

scientifique, n'offrent, pour la plupart, qu'un faible intérêt. Nous nous bornons à les signaler dans leur ensemble. Cependant, avant de suivre les aérostats dans une nouvelle période plus sérieuse de leur histoire, celles des applications militaires et scientifiques, nous rappellerons quelques-uns des voyages aériens qui ont eu, de 1785 à 1794, le plus brillant succès de curiosité.

L'ascension du docteur Potain mérite d'être citée à ce titre. Le docteur Potain traversa en ballon le canal Saint-George, bras de mer qui sépare l'Angleterre de l'Irlande. Il avait perfectionné la machine hélicoïde de Blanchard, et s'en servit, dit-on, avec quelque avantage.

L'Italien Lunardi, que l'on avait déjà vu à Londres, l'année précédente, exécuta, à Édimbourg, différentes ascensions. Harper fit connaître, à Birmingham, les ballons à gaz hydrogène : enfin Alban et Vallet construisirent, à Javelle, près de Paris, un aérostat, qui fut nommé le *Comte d'Artois*, que l'on voit représenté dans la page précédente.

Alban et Vallet étaient directeurs de l'usine de produits chimiques de Javelle. Ils avaient tant de fois fabriqué et fourni du gaz hydrogène aux aéronautes, que l'envie leur prit d'effectuer eux-mêmes des ascensions. Ils construisirent un excellent aérostat pourvu de rames en forme d'ailes de moulin à vent, et se livrèrent à quelques essais pour se diriger dans l'air au moyen de cet appareil. Leurs expériences eurent lieu au mois d'août 1785.

C'est à cette époque que l'abbé Miollan éprouva, dans le jardin du Luxembourg, en compagnie du sieur Janinet, cet immense déboire qui fut tant chansonné par la malignité parisienne.

Montgolfière de l'abbé Miollan et Janinet.

L'abbé Miollan était un bon religieux qui était animé, pour le progrès de l'aérostation, d'un zèle plus ardent qu'éclairé. Il s'associa à un certain Janinet, pour construire une montgolfière de 100 pieds de haut sur 84 de large.

Le dimanche, 12 juillet 1785, une foule immense se répandit dans les jardins du Luxembourg ; jamais aucun aéronaute n'avait réuni une telle affluence au spectacle de son ascension. Mais, par suite de la mauvaise construction de la machine, ou par l'effet de manœuvres maladroites, le feu prit au ballon. La populace, furieuse et se croyant jouée, renversa les barrières, mit en pièces le reste de la machine, et battit les pauvres aéronautes. On les accusa d'avoir mis volontairement le feu à la Montgolfière, pour se dispenser de partir. On se vengea d'eux par des chansons.

C'est vers cette époque que se répandit, à Paris, la mode des figures aérostatiques. Dans les jardins publics, on vit s'élever, à la grande joie des spectateurs, des aérostats offrant la figure de divers personnages : le *Vendangeur aérostatique*, une *Nymphe*, un *Pégase*, etc.

Blanchard parcourait tous les coins de la France, donnant le spectacle de ses innombrables ascensions. Après avoir épuisé la curiosité de son pays, il allait porter en Amérique ce genre de spectacle, encore inconnu des populations du nouveau monde. Il s'éleva à Philadelphie, sous les yeux de Franklin.

Son rival Testu-Brissy marcha sur ses traces. Le ballon qu'il construisit était muni de rames, en forme de roue de bateau.

C'est le même Testu-Brissy qui exécuta, plus tard, une ascension équestre. Il s'éleva monté sur un cheval qu'aucun lien ne retenait au plateau de la nacelle. Dans cette curieuse ascension, Testu-Brissy put se convaincre que le sang des grands animaux s'extravase par leurs artères, et coule par les narines et les oreilles, à une hauteur à laquelle l'homme n'est nullement incommodé.

Poitevin a exécuté plusieurs fois ce tour de force à Paris, en 1850. Seulement, le cheval était attaché au filet par un appareil de suspension, ce qui ôtait tout le danger et tout l'émouvant intérêt de l'expérience. Un cheval de bois eût tout aussi bien fait l'affaire.

CHAPITRE IX

Emploi des aérostats aux armées. — Le Comité de Salut public décrète l'institution des aérostiers militaires. — Le capitaine Coutelle. — Arrivée des aérostiers à Maubeuge. — Manœuvre des aérostats captifs employés aux observations militaires. — Les aérostats militaires au siège de Maubeuge. — Les aérostats à Charleroi. — Bataille de Fleurus.

Jusqu'en 1794, les ascensions aérostatiques n'avaient encore servi qu'à satisfaire la curiosité publique. A cette époque, le gouvernement essaya d'en tirer un moyen de défense, en les appliquant, dans les armées, aux reconnaissances extérieures.

Ce fut Guyton de Morveau, chimiste célèbre, alors représentant du peuple à la Convention nationale, qui eut le mérite de trouver la manière de tirer parti des aérostats dans les armées. Il était familier avec l'aérostation, grâce aux nombreuses expériences qu'il avait exécutées à Dijon, avec l'appareil dont nous avons donné, dans un chapitre précédent, la description et la figure. Il proposa d'employer des aérostats retenus captifs au moyen de cordes, et dans lesquels des observateurs, placés comme en sentinelle perdue au haut des airs, observeraient les mouvements de l'ennemi.

Guyton de Morveau, en sa qualité de représentant du peuple, faisait partie, avec Monge, Bertholet, Carnot et Fourcroy, d'une commission que le Comité de Salut public avait instituée pour appliquer aux intérêts de l'État les découvertes de la science. Il proposa à cette commission d'employer les aérostats captifs, comme moyen d'observation militaire.

La proposition fut accueillie, et soumise au Comité de Salut public, qui l'accepta.

Guyton de Morveau s'adjoignit Coutelle, chimiste et physicien qui avait formé, à Paris, un cabinet de physique où se trouvaient réunis tous les appareils nécessaires aux expériences sur les gaz, sur la lumière et l'électricité. Les savants de la capitale venaient souvent faire leurs expériences dans son laboratoire. Coutelle était donc connu comme physicien exercé.

Guyton de Morveau n'eut pas de peine à faire agréer Coutelle par le Comité de Salut public. Ce dernier fut chargé des premiers essais à entreprendre pour la production de l'hydrogène en grand, au moyen de la décomposition de l'eau.

Voici comment Coutelle procéda à la préparation du gaz. Il établit un grand fourneau, dans lequel il plaça un tuyau de fonte de 1 mètre de longueur et de 4 décimètres de diamètre, qu'il remplit de 50 kilogrammes de rognures de tôle et de copeaux de fer. Ce tuyau était

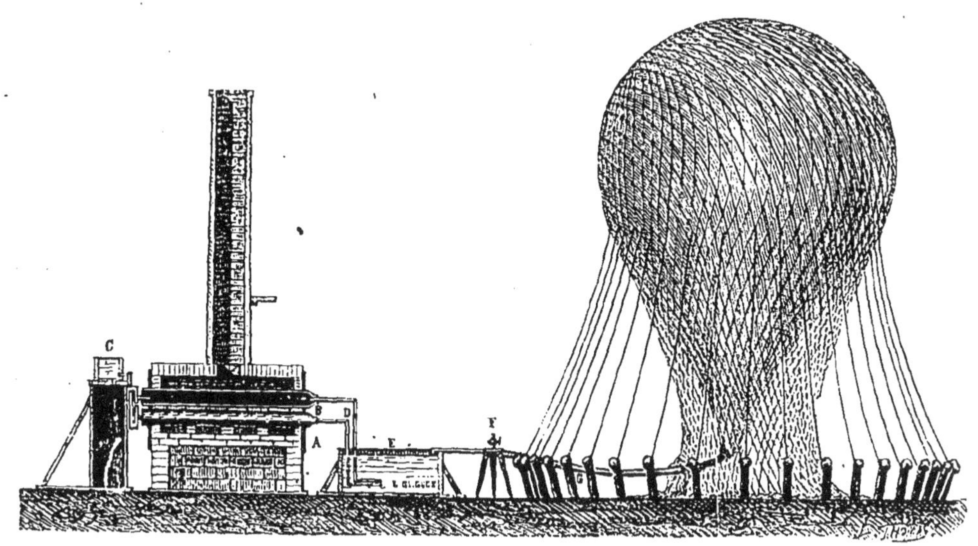

Appareil qui servit à préparer le gaz hydrogène, pour le remplissage de l'aérostat militaire *l'Entreprenant*.

terminé, à chacune de ses extrémités, par un tube de fer. L'un de ces tubes servait à amener le courant de vapeur d'eau, qui se décomposait au contact du métal; l'autre dirigeait dans le ballon le gaz hydrogène résultant de cette décomposition.

Quand tout fut prêt, Coutelle fit venir, pour être témoins de l'opération, le professeur Charles et le physicien Jacques Conté. En raison de divers accidents, l'opération fut très longue; elle dura trois jours et trois nuits. Cependant elle réussit très bien, en définitive, car on retira 170 mètres cubes de gaz. La commission fut satisfaite de ce résultat, et dès le lendemain, Coutelle reçut l'ordre de partir pour la Belgique, et d'aller soumettre au général Jourdan la proposition d'appliquer les aérostats aux opérations de son armée.

Le général Jourdan accueillit avec empressement l'idée de faire servir les aérostats aux reconnaissances extérieures. Mais l'ennemi était à une lieue de Beaumont; d'un moment à l'autre il pouvait attaquer, et le temps ne permettait d'entreprendre aucun essai avec l'aérostat. Coutelle revint à Paris, pour y transmettre l'assentiment du général.

Le Comité de Salut public décida dès lors de continuer et d'étendre les expériences.

La République avait donc fondé l'institution, toute nouvelle, des aérostats militaires. Coutelle, nommé *directeur des expériences aérostatiques*, s'établit dans le jardin du petit château de Meudon (*Maison nationale*). Il s'adjoignit lui-même, alors, le physicien Jacques Conté.

Coutelle et Jacques Conté construisirent un ballon de soie, capable d'enlever deux personnes, et disposèrent un nouveau fourneau, dans lequel on plaça sept tuyaux de fonte. Ces tuyaux, longs de 3 mètres, sur 3 décimètres de diamètre, étaient remplis, chacun, de 200 kilogrammes de rognures de fer, que l'on foulait, à l'aide du mouton, pour les faire pénétrer dans le tube. Le gaz fut ainsi obtenu facilement et avec abondance. Un litre d'eau fournissait un mètre cube de gaz hydrogène, et il ne fallait pas plus de douze à quinze heures pour remplir l'aérostat.

La grande difficulté était d'empêcher le gaz hydrogène de s'échapper à travers l'enveloppe de soie du ballon. En effet, s'il avait fallu, dans les camps, au milieu des opérations d'une campagne, recommencer, tous les deux ou trois jours, la préparation du gaz hydrogène et le remplissage de l'aérostat, l'entreprise eût été impraticable. Il était donc de la plus haute importance de rendre l'étoffe de l'aérostat tout à fait imperméable à l'hydrogène. Mais personne encore n'avait pu arriver à un résultat satisfaisant sous ce rapport.

Ce problème, qui avait arrêté jusque-là tous les opérateurs, Coutelle et Conté le résolurent. Ils trouvèrent le moyen de rendre l'étoffe du ballon si complètement imperméable à l'hydrogène, qu'à l'armée de Sambre-et-Meuse, l'aérostat *l'Entreprenant* demeura deux mois entiers plein de gaz, et qu'il n'était pas rare, à l'école de Meudon, de conserver pendant trois mois des aérostats pleins de gaz.

Tout étant ainsi prévu et le matériel nécessaire étant réuni, Coutelle et Conté firent savoir au Comité de Salut public qu'ils étaient en mesure de faire servir les aérostats aux opérations militaires de Sambre-et-Meuse. Le Comité de Salut public décréta la formation d'une compagnie d'*aérostiers militaires*, dont le commandement fut confié à Coutelle, avec le titre de capitaine.

Un mois après le décret de formation de la *compagnie d'aérostiers*, le Comité de Salut public donnait, par un autre décret, l'ordre de la mettre en mouvement et de la diriger sur Maubeuge, que l'armée française venait de reprendre, et où elle était au moment de subir un nouveau siège.

Conformément à ce décret, Coutelle expédia sa compagnie à Maubeuge, et il partit de son côté, en poste, emmenant avec lui son lieutenant.

Maubeuge était déjà assiégée par les Autrichiens.

Arrivé à Maubeuge, le premier soin de Coutelle fut de chercher un emplacement, de construire son fourneau pour la préparation du gaz, de faire les provisions de combustible nécessaires, et de tout disposer en attendant l'arrivée de l'aérostat et des équipages qu'il avait expédiés de Meudon. Il choisit les jardins du collège, pour y établir ses appareils, préparer le gaz hydrogène et remplir l'aérostat, qui avait reçu le nom d'*Entreprenant*.

Pour se servir de l'aérostat dans les observations de l'ennemi, on faisait élever le ballon captif à une hauteur de 500 mètres. Deux cordes étaient attachées à la circonférence du ballon, et retenues par dix hommes, placés à terre.

Nous représentons ici l'appareil qui servit à préparer, dans le camp français, le gaz hydrogène nécessaire au remplissage du ballon *l'Entreprenant*. Contenue dans le vase C, l'eau arrive dans le tube de fonte A, qui est placé au milieu du fourneau ; elle se réduit en vapeurs, et pénètre par un petit tube de fonte, dans le grand tube de fonte B, plein de rognures de fer. Là, elle se décompose, et l'hydrogène provenant de cette décomposition suit le tube D, se lave dans l'eau de la cuve E, et pénètre finalement, au moyen du tube de cuir G, dans le ballon.

Cependant les différents corps de l'armée ne savaient de quel œil regarder les soldats de la compagnie de Coutelle, qui n'étaient pas encore portés sur l'état militaire, et dont le service ne leur était pas connu. On murmurait sur leur passage des propos désobligeants. Coutelle s'aperçut de cette impression. Il alla trouver le général qui commandait à Maubeuge, et lui demanda d'emmener sa compagnie à la première affaire hors de la place. Une sortie était précisément ordonnée pour le lendemain, contre les Autrichiens retranchés à une portée de canon. La petite troupe de Coutelle fut employée à cette attaque. Deux hommes furent grièvement blessés; le sous-lieutenant reçut une balle morte dans la poitrine. Ils rentrèrent dans la place au rang des soldats de l'armée.

Peu de jours après, les équipages porteurs de tout le matériel des aérostats captifs étant arrivés, Coutelle put mettre le feu à son fourneau et procéder à la préparation du gaz. C'était un spectacle étrange que ces opérations chimiques ainsi exécutées à ciel ouvert, au milieu d'un camp, au sein d'une ville assiégée, dans un cercle de quatre-vingt mille soldats. Tout fut bientôt préparé, et l'on put commencer à se livrer à la reconnaissance des dispositions de l'ennemi. Alors, deux fois par jour, par l'ordre de Jourdan, et quelquefois avec le général lui-même, Coutelle s'élevait avec son ballon *l'Entreprenant*, pour observer les travaux des assiégeants, leurs positions, leurs mouvements et leurs forces.

La manœuvre de l'aérostat s'exécutait en silence. La correspondance avec les hommes qui retenaient les cordes se faisait au moyen de petits drapeaux blancs, rouges ou jaunes, de dix-huit pouces de largeur, et de forme carrée ou triangulaire. Ces signaux servaient à indiquer aux conducteurs les mouvements à exécuter : *monter, descendre, avancer, aller à droite*, etc. Quant aux conducteurs, ils correspondaient avec le capitaine, posté dans la nacelle, en étendant sur le sol des drapeaux semblables, de différentes couleurs. Ils avertissaient ainsi l'observateur d'avoir à s'élever, à descendre, etc. Enfin, pour transmettre au général en chef les notes résultant de ces observations, le commandant des aérostiers jetait sur le sol de petits sacs de sable, surmontés d'une banderole, auxquels la note était attachée.

On trouvait, chaque jour, des différences sensibles dans les forces des Autrichiens, ou dans les travaux exécutés pendant la nuit. Le général en chef tirait un grand parti de ce moyen nouveau d'observation.

L'ennemi, qui se voyait soumis à cette observation insolite, et qui se sentait surveillé, sans jamais pouvoir rien dérober à notre connaissance, était fort impressionné, et ne savait comment se mettre à l'abri de ces espions d'un nouveau genre. On lit dans les *Mémoires sur Carnot* que quelques soldats autrichiens, qui n'avaient jamais vu de ballon, s'agenouillaient et se mettaient en prière à la vue de ce prodige.

Cependant le général Jourdan se préparait à investir Charleroi. Il attachait une importance extrême à l'enlèvement de cette place, qui devait ouvrir la route de Bruxelles. Coutelle reçut, à midi, l'ordre de se porter, avec son ballon, à Charleroi, éloigné de douze lieues

Manœuvre des aérostats captifs dans les armées de la République.

du point où il se trouvait, pour y faire diverses reconnaissances. Le temps ne permettant pas de vider le ballon, pour le remplir de nouveau sous les murs de la ville, Coutelle se décida à le faire voyager tout gonflé.

Ce n'était pas une entreprise facile que de transporter ainsi l'aérostat gonflé de Maubeuge à Charleroi. Il fallait d'abord lui faire traverser une partie de Maubeuge, par-dessus les maisons. Il fallait ensuite le faire sortir de la ville; et là était le point périlleux. Maubeuge était entourée, en grande partie, par l'armée ennemie, qui l'avait enveloppée, d'un côté, de fossés et de tranchées ou de murs de bastion. Il fallait tromper la surveillance des assiégeants; et l'on comprend quelle tâche ce devait être de dérober à l'ennemi la vue d'un globe de 9 mètres de diamètre, élevé à 10 mètres au-dessus du sol.

C'est pourtant ce qui fut fait, et voici comment. On passa un jour et une nuit à attacher à l'équateur du filet de l'aérostat seize cordes, d'une longueur suffisante. Seize hommes furent chargés de tenir, chacun, une de ces cordes. On franchit ainsi les jardins du collège, puis les rues, en maintenant le ballon par-dessus les toits; et l'on arriva à l'une des portes, dans la partie de la ville laissée libre par l'ennemi.

A 2 heures du matin, on descendit le premier rempart. Des échelles étaient disposées, pour descendre dans le premier fossé. La moitié des hommes descendit en allongeant les cordes, tandis que l'autre moitié attendait au bord du fossé. Quand la moitié des hommes eut remonté le fossé, à l'aide d'autres échelles disposées de l'autre côté, la seconde moitié prit le même chemin, descendit, puis remonta le fossé, au

Transport du ballon *l'Entreprenant*, de Maubeuge à Charleroi, par les aérostiers militaires.

moyen des échelles; tout cela avec l'attention que l'aérostat ne dépassât que de très peu la crête du glacis, pour ne pas attirer l'attention des assiégeants, malgré l'obscurité de la nuit. Les trois enceintes qui environnaient la ville furent successivement franchies de cette manière.

On était à la fin de juin, la chaleur s'annonçait étouffante, et l'on comptait quinze heures de Maubeuge à Charleroi. Comme les chemins, qui servaient surtout au transport de la houille, étaient remplis d'une poussière noire de charbon, les aérostiers étaient couverts d'une couche noirâtre, formée de la terre charbonneuse du chemin.

C'était un spectacle étrange que ces trente hommes, à demi nus, à cause de la chaleur, et noirs comme des démons, conduisant un énorme globe, suspendu au milieu de l'air. Les superstitieux habitants des Flandres, qui rencontraient cet équipage bizarre, s'enfuyaient de terreur, ou s'agenouillaient, saisis de mystérieuses craintes.

C'est au prix de tant de fatigues que la compagnie des aérostiers de Coutelle arriva, vers le soir, près de Charleroi. Elle reconnut bientôt l'armée campée aux environs.

On eut encore le temps de faire une reconnaissance avant la fin de la journée. Coutelle monta en ballon, avec un officier supérieur, qui prit note de la situation et des forces de l'ennemi.

Le lendemain, une ascension plus sérieuse se fit dans la plaine de Jumet. Pendant la journée suivante, Coutelle demeura en observation huit heures de suite, avec le général Morelot. La ville était si vivement pressée qu'elle était au moment de capituler, et le général,

Bataille de Fleurus.

du haut de son observatoire aérien, s'assurait du véritable état de la place assiégée.

La capitulation fut signée le lendemain, et la garnison hollandaise retenue prisonnière.

Cependant les Autrichiens s'avançaient toujours vers Charleroi, sous les ordres du prince de Cobourg, et une bataille était inévitable.

Elle se passa sur les hauteurs de Fleurus, et tourna à l'avantage de nos armes. L'aérostat *l'Entreprenant* fut d'un grand secours pour le succès de cette belle journée, et le général Jourdan n'hésita pas à proclamer l'importance des services qu'il en avait retirés. C'est sur la fin de la bataille que le ballon de Coutelle s'éleva, d'après l'ordre du général en chef. Il demeura huit heures en observation, transmettant sans relâche des notes sur le résultat des opérations de l'ennemi.

On a souvent discuté pour savoir dans quelle mesure l'aérostat de Coutelle contribua au succès de la bataille. Carnot, dans ses *Mémoires*, déclare que le ballon de Coutelle fut très utile dans cette journée. Coutelle et l'officier d'état-major qui l'accompagnait dans la nacelle demeurèrent constamment en correspondance avec l'armée française, dévoilant à Jourdan les mouvements de l'armée autrichienne. Ils étaient placés si bas et si près de l'ennemi, qu'on ne cessait de leur envoyer des balles de carabine. Il est donc impossible que Jourdan n'ait pas tiré un grand parti de ces avertissements. Il fut heureusement secondé par les observateurs aériens qui lui faisaient connaître plus d'une position de l'ennemi que des accidents de terrain, ou l'éloignement, l'auraient empêché d'apercevoir.

CHAPITRE X

Suite des opérations des aérostats militaires. — Organisation de la seconde compagnie d'aérostiers. — Création de l'école aérostatique de Meudon. — Les aérostats en Égypte. — Bonaparte supprime le corps des aérostiers militaires.

Après la bataille de Fleurus, l'armée française ayant fait un mouvement en avant, la compagnie des aérostiers la suivit, continuant, presque chaque jour, ses reconnaissances aériennes.

On était près des hauteurs de Namur, lorsqu'un accident mit l'aérostat *l'Entreprenant* hors de service. Quelques-uns des porteurs ayant lâché la corde, l'aérostat fut poussé contre un arbre, qui le déchira du haut en bas. Coutelle retourna aussitôt à Maubeuge, où il espérait trouver un nouvel aérostat, le *Céleste*, envoyé de l'école de Meudon. Comme on ne l'avait pas encore expédié, il partit aussitôt pour Paris, afin d'en hâter l'envoi ; puis il retourna à l'armée.

Bientôt le *Céleste* fut envoyé de Meudon. Mais il avait été mal construit, et ne pouvait emporter qu'une seule personne. Sa forme était cylindrique, ce qui le rendait d'une manœuvre très difficile. On l'essaya à Liège, mais sans aucun succès.

L'aérostat fut donc renvoyé à Meudon, et l'on se servit de l'*Entreprenant*, qui avait été réparé.

Les aérostiers suivaient toujours les marches de l'armée. Après plusieurs reconnaissances, faites pour le service des généraux qui commandaient différents corps, les aérostiers passèrent la Meuse, en bateau, pour se diriger sur Bruxelles.

Dans ce trajet, le ballon fut poussé par le vent contre un éclat de bois, qui le coupa à sa partie inférieure, et lui fit perdre une grande quantité de gaz. Coutelle fit alors former, au moyen d'une simple ficelle, une grande enceinte qui fut respectée par une multitude de curieux et de soldats, attirés par ce spectacle. L'accident fut réparé, et Coutelle rejoignit l'armée quatre jours après.

Arrivé à Borcette, près d'Aix-la-Chapelle, ville où l'armée fit un assez long séjour, Coutelle créa un nouvel établissement où l'on répara et reconstruisit à nouveau le matériel endommagé.

Pendant que ces événements se passaient à l'armée de Sambre-et-Meuse, le Comité de Salut public s'occupait d'augmenter l'importance du corps des aérostiers. Le 10 brumaire an III (31 octobre 1795), il créait l'*École nationale aérostatique de Meudon*, destinée à étudier les questions relatives à l'aérostation militaire, et à fournir à cette arme des officiers instruits.

L'*École nationale aérostatique de Meudon* était composée de 60 élèves, divisés en trois sections. Les élèves suivaient des cours de physique, de mécanique, de chimie et de géographie. Outre l'enseignement théorique, ils étaient exercés à la pratique de la manœuvre des ballons.

Outre l'*Entreprenant*, qui opéra si bien à Maubeuge, à Charleroi, à Fleurus, à Liège, à Bruxelles, etc., avec l'armée de Sambre-et-Meuse, et le *Céleste*, dont nous avons déjà parlé, Conté fit construire l'*Hercule* et l'*Intrépide*, qui furent envoyés plus tard, aux armées du

Rhin et de la Moselle, avec la deuxième compagnie, dont il nous reste à parler.

Une seconde compagnie d'aérostiers avait été, avons-nous dit, organisée par la Convention, le 23 juin 1794, et installée à Meudon, mais cela d'une manière provisoire. Cette seconde compagnie reçut une organisation définitive, par un arrêté du Comité de Salut public, en date du 23 mars 1795. Créée pour desservir un aérostat destiné à opérer en Allemagne, elle devait être composée du même nombre d'officiers, sous-officiers et aérostiers, que la première compagnie de l'armée de Sambre-et-Meuse.

Coutelle, que nous avons laissé à Borcette, près d'Aix-la-Chapelle, fut rappelé à Paris. Il reçut le titre de *chef de bataillon, commandant le corps des aérostiers*, et fut chargé de procéder à l'organisation définitive des deux compagnies.

Il forma la deuxième compagnie, en prenant 28 hommes à l'école de Meudon et 9 hommes à la première compagnie. Chaque compagnie fut composée de 54 hommes, ainsi répartis : un capitaine, deux lieutenants, un lieutenant quartier-maître, un sergent-major, un sergent, un fourrier, trois caporaux, un tambour et 44 aérostiers.

La seconde compagnie d'aérostiers fut envoyée en Allemagne, pour contribuer aux opérations du siège de Mayence.

Les officiers et les aérostiers de la seconde compagnie passèrent plus d'un mois, occupés chaque jour à des ascensions.

Les généraux et les officiers autrichiens admiraient cette manière de les observer, qu'ils appelaient « aussi hardie que savante ». Pendant un armistice, ils sortirent de Mayence, et vinrent assister à une ascension, qui fut fort belle. Coutelle et un officier du génie, placés dans la nacelle, planèrent pendant une heure à portée du canon des remparts de la ville ennemie. Les officiers autrichiens causaient cordialement avec les nôtres, et exprimaient leur admiration pour ce nouveau système d'observation. Et comme Coutelle leur faisait observer que rien ne les empêchait d'en faire autant : « Il n'y a que les Français, disaient-ils, qui soient capables d'imaginer et d'exécuter une pareille entreprise. »

Après l'hiver, on recommença la campagne, en passant le Neckar. C'est ici qu'un incident funeste endommagea gravement l'aérostat *l'Entreprenant*, déjà bien usé par son long service.

Pendant la marche de l'armée, afin d'éviter l'entrée de Manheim, dont on n'eût pas traversé facilement les fortifications avec le ballon tout rempli, on avait cru pouvoir le laisser hors de la ville, dans une enceinte formée au moyen de cordes et de piquets, et placée sous la garde d'une sentinelle. Le capitaine et le lieutenant des aérostiers, qui venaient de recevoir l'ordre de se diriger vers les avant-postes, étaient occupés, dans leur tente, à régler le départ de la compagnie pour le lendemain, lorsqu'une explosion très forte retentit du côté de l'aérostat. La sentinelle crie : *Aux armes!* On accourt au bruit, et l'on trouve la sentinelle atteinte d'un coup de feu, et l'aérostat criblé de trous ou de déchirures, par une grêle de projectiles. Sans doute, à la faveur de la nuit, et grâce à la proximité du fleuve, un Autrichien s'était approché de l'aérostat, avait fait feu contre lui, d'une arme chargée à mitraille, et s'était enfui sans être aperçu, grâce à sa connaissance des localités.

Il est certain que toutes les recherches et toutes les poursuites entreprises pour atteindre l'auteur du méfait demeurèrent sans résultat. On dut se contenter de vider le ballon, pour s'assurer de la gravité des avaries qu'il avait reçues.

L'ordre arriva ensuite de le diriger sur Strasbourg, où un emplacement devait être désigné pour y établir un parc d'aérostation et de remplissage des aérostats. En effet, la compagnie fut établie à Molsheim, village à trois lieues de Strasbourg.

Ainsi se termina, pour l'aérostat *l'Entreprenant*, la première partie de la campagne sur le Rhin.

Moreau ayant été nommé général en chef, en remplacement de Pichegru, suspect au gouvernement, la campagne fut reprise, et l'armée pénétra en Allemagne. L'aérostat *l'Entreprenant*, qui avait été, comme nous l'avons dit, entreposé à Molsheim, suivit nos bataillons. Il traversa, à la suite de l'armée, Rastadt, puis Stuttgard, et s'arrêta à Donawert, où était le quartier général.

Le lendemain de l'arrivée à Donawert, l'aérostat s'éleva, pour reconnaitre les principales forces de l'ennemi qui garnissait l'autre rive du Danube.

Après un court séjour à Augsbourg, nos soldats durent battre en retraite. En effet, tandis que Moreau s'avançait au cœur de l'Allemagne, pour opérer sa jonction avec l'armée d'Italie, le général Jourdan, qui devait le soutenir avec l'armée de Sambre-et-Meuse, avait été forcé de battre en retraite devant le prince Charles. Moreau, alors à Munich, se décida à opérer également sa retraite, et donna à son armée l'ordre de regagner Strasbourg.

Là se terminèrent les services de la seconde compagnie d'aérostiers. Le général qui commandait l'armée du Rhin, Hoche, était très hostile à l'emploi des ballons dans l'armée. Il ne voulut jamais s'en servir et demanda même le licenciement du corps des *aérostiers militaires*.

Le licenciement demandé par Hoche ne fut pas accordé, mais la compagnie ne sortit pas de son inaction.

La fortune, qui avait souri aux débuts à l'aérostation militaire, ne cessait maintenant de lui être contraire. Nous venons de voir la fin languissante de la seconde compagnie d'aérostiers ; le sort de la première compagnie fut plus triste encore.

Commandée par le capitaine Lhomond, elle fit plusieurs reconnaissances à Worms et à Manheim. A Ehrenbreistein, Lhomond fit une ascension magnifique, au milieu d'une pluie de bombes et de boulets.

Les hauts faits de l'aérostation militaire devaient s'arrêter là. Pendant la bataille de Würtzbourg, livrée le 17 fructidor an IV, l'aérostat, demeuré longtemps en observation, fut endommagé au moment de la retraite précipitée de l'armée, et la compagnie fut forcée de se retirer dans la place, avec son matériel. Mais bientôt Würtzbourg fut pris, et la compagnie des aérostiers, avec tout son matériel, tomba au pouvoir de l'ennemi. Le capitaine Lhomond et le lieutenant Plazanet furent retenus prisonniers de guerre.

Quelques mois plus tard, le traité de Léoben vint rendre la liberté aux prisonniers de Würtzbourg. Le capitaine Lhomond et le lieutenant Plazanet allèrent alors rejoindre Coutelle, à l'école aérostatique de Meudon, pour lui demander de faire reprendre du service à leur compagnie.

En ce moment, se préparait, en grand mystère, l'expédition d'Égypte. Conté avait obtenu de faire partie de la commission de savants qui accompagnait le premier consul. Il décida Bonaparte à emmener en Égypte la première compagnie d'aérostiers, sortie récemment de Würtzbourg.

Cette compagnie fut donc dirigée sur Toulon. Elle partit de là pour l'Égypte, avec Coutelle, Conté et Plazanet. Ils débarquèrent heureusement en Égypte, et furent, dès leur arrivée, postés en avant des troupes.

Mais la fatalité poursuivait l'aérostation militaire. On avait laissé sur le bâtiment qui avait amené la compagnie d'aérostiers le ballon, ainsi que tout le matériel pour la préparation du gaz. Ce bâtiment fut pris et coulé par les Anglais.

Ainsi privée de ses instruments, la compagnie d'aérostiers n'avait plus sa raison d'être. Les soldats furent répartis dans les régiments; Coutelle, attaché à l'armée comme chef de bataillon, s'en alla, preque seul, faire un voyage d'exploration dans la haute Égypte, et Conté mit à la disposition de l'armée son génie inventif, qui lui permettait de se rendre utile en tout temps et partout.

L'aérostation militaire ne joua donc aucun rôle en Égypte.

Reprise et encouragée, elle aurait peut-être rendu des services pendant nos grandes guerres. L'école aérostatique de Meudon était toujours ouverte; Coutelle et Conté, ses directeurs, étaient encore pleins de zèle pour l'institution due à la République. Malheureusement, Bonaparte n'aimait pas l'aérostation appliquée à l'art de la guerre. Dès son retour d'Égypte, il licencia les compagnies d'aérostiers, donna à Coutelle et aux autres officiers des grades équivalents dans d'autres armes, fit fermer l'école aérostatique de Meudon, et vendre tous les ustensiles et appareils qui restaient dans l'établissement.

CHAPITRE XI

Suites des applications militaires des aérostats. — Les aérostats à Moscou en 1812, à Anvers en 1815. — Les aérostats militaires à Venise en 1849, aux États-Unis en 1854 et 1861. — Les aérostats au siège de Paris 1870-1871. — État actuel de l'aérostation militaire.

Les applications des aérostats à l'art militaire ne furent pas complètement suspendues par l'arrêté du premier consul qui licenciait le corps des aérostiers militaires. Depuis cette époque, les ballons ont rendu aux opérations des armées certains services, que nous allons rappeler.

A l'époque où la télégraphie aérienne commençait à occuper sérieusement les esprits, c'est-à-dire en 1804, le physicien Jacques Conté imagina un système de signaux télégraphiques exécutés en ballon captif, qui paraissait présenter certains avantages.

En 1812, les Russes avaient formé le projet d'écraser l'armée française, à l'aide de projectiles explosibles, lancés du haut d'un aérostat. Le ballon fut construit à Moscou : il pouvait, dit-on, porter jusqu'à cinquante hommes. On voulait le faire flotter par-dessus le quartier général de l'armée française, que l'on aurait accablée, de cette hauteur, de projectiles incendiaires.

Les aérostats porteurs de bombes incendiaires lancées sur Venise par les Autrichiens, en 1849.

On commença par faire des expériences avec des ballons de plus petites dimensions; mais elles réussirent très mal, ce qui décida à suspendre le travail commencé.

En 1815, Carnot commandant Anvers assiégé fit exécuter, en ballon, des reconnaissances militaires.

Au moment de la conquête d'Alger, on accorda à un aéronaute, M. Margat, l'autorisation d'accompagner l'armée d'expédition. Le ballon fut embarqué, mais il resta sur le navire. La caisse ne fut pas même déballée.

Pendant le siège de Venise par les Autrichiens, en 1849, on fit usage de petits ballons, porteurs de bombes, qui devaient éclater sur la ville. Sur la proposition de deux officiers d'artillerie autrichiens, on avait confectionné deux cents petits aérostats, chargés, chacun, d'une bombe de 24 à 30 livres, et garnis d'une mèche inflammable, destinée à faire éclater la bombe. On mettait le feu à la mèche au moment de laisser partir dans les airs ces ballons incendiaires.

Ce genre d'attaque eut lieu, en effet, le 22 juin 1849, mais un vent contraire ramena les petits ballons vers le camp autrichien, de sorte que les bombes firent plus de mal aux assiégeants qu'aux assiégés.

En 1854, à l'arsenal de Vincennes, à Paris, on essaya de lancer des projectiles du haut d'un ballon retenu captif. Selon M. de Gaugler, ces expériences furent mal exécutées; tout indique que, reprises d'une façon sérieuse, elles donneraient de très bons résultats.

Pendant la guerre d'Amérique, on fit usage simultanément des aérostats et de la télégraphie électrique.

Au mois de septembre 1861, un aéronaute, nommé La Mountain, fournit d'importants renseignements au général Mac Clellan. Ce ne fut pas en ballon captif, mais bien en ballon perdu, que l'aéronaute américain fit son excursion aérienne. Parti du camp de l'Union, sur le Potomac, il passa par-dessus Washington, retenu à terre par des cordes. Mais ne pouvant embrasser ainsi un espace suffisant, il coupa bravement la corde qui retenait son ballon captif, et s'éleva à la hauteur de 1,500 mètres. Il se trouva ainsi placé directement au-dessus des lignes ennemies, dont il put observer parfaitement la position, les mouvements et les forces. Ayant jeté une nouvelle quantité de lest, il s'éleva plus haut encore, et trouva un autre courant d'air qui l'éloigna des lignes ennemies. Il opéra sa descente sans difficulté à Maryland, d'où il transmit au général Mac Clellan le résultat de sa reconnaissance.

Un autre aéronaute américain, M. Allan de Rhode-Island, eut l'idée de faire communiquer, par un fil électrique, l'observateur placé dans la nacelle, avec le corps d'armée pour lequel il faisait ses reconnaissances. M. Allan et le professeur Lowe, de Washington, exécutèrent, plusieurs fois, cette curieuse expérience, du haut d'un ballon captif.

On fit une autre application des aérostats pendant la guerre d'Amérique.

Au mois de mai 1862, l'armée unioniste, campée devant Richmond, lança au-dessus de la place un ballon captif. Un appareil photographique fut dirigé vers la terre, et permit de prendre en perspective, sur une carte, tout le terrain de Richmond à Manchester à l'ouest, et à Chikahominy à l'est. La rivière qui arrose la capitale, les cours d'eau, les chemins de fer, les chemins de traverse, les marais, les bois de pins, etc., furent tracés; on y porta aussi la disposition des troupes, batteries d'artillerie, infanterie et cavalerie. On tira deux exemplaires de cette carte. On la divisa en 64 parties, comme un champ de bataille, avec les signes conventionnels A,A^2, etc. Le général Mac Clellan eut un de ces exemplaires, le conducteur de ballon eut l'autre. Le 1er juin, l'aérostat s'éleva à une hauteur de plus de mille pieds (333 mètres) au-dessus du champ de bataille et se mit en relations avec le quartier général par un fil télégraphique. Pendant une heure, les mouvements de l'ennemi furent signalés avec exactitude. Une demi-heure plus tard, la dépêche porta : *Sortie de la division Cadeys.*

Mac Clellan put, en un instant, donner ordre d'avancer au général Heinsselman et prescrivit au général Summer, qui était déjà au delà de Chikahominy, de marcher tout de suite sur la petite rivière. Les deux divisions purent, en deux heures de temps, être réunies en face de l'ennemi et défendre le champ de bataille à la baïonnette. Partout où les assiégés hasardèrent une attaque, ils furent repoussés avec une perte considérable. C'est en vain que l'on dirigea contre le ballon un canon rayé d'une énorme portée. Mais les projectiles passaient près du ballon, et si près que les aéronautes jugèrent convenable de s'éloigner. Le ballon fut descendu à terre, lancé dans une autre direction et assez haut pour être hors de la portée des pièces ennemies. Il fut mis de nouveau en communication avec la terre ferme, et l'armée assiégeante eut avis que de fortes masses de troupes accouraient sur le champ de bataille, dans une autre direction. Dès qu'elles furent arrivées à la portée du canon des fédéraux, ces troupes se virent prévenues et attaquées avec une rapidité qui dut leur paraître inconcevable.

Le général Mac Clellan n'eût pu obtenir un succès aussi complet sans le secours du ballon et de l'appareil dont il était muni.

En 1870, les aérostats ont rendu de véritables services aux Parisiens pendant le blocus de leur ville par les armées allemandes. Enfermés dans leurs murs, privés de toute communication avec l'extérieur et obligés de se suffire à eux-mêmes, les habitants de Paris firent appel à la science pour leur fournir les moyens de se défendre contre l'agression étrangère.

On espérait que les ballons mettraient la capitale en communication avec les départements. Mais la grande affaire était de pouvoir diriger à volonté ces machines aériennes. On se flatta pendant assez longtemps que ce grand *desideratum* de la science allait enfin arriver. Quand on se rappelait que depuis quatre-vingts ans mille cerveaux s'étaient mis en ébullition à la poursuite de cette idée; quand on savait que nos corps académiques sont perpétuellement assaillis de communications relatives à ce problème; quand on avait vu les inventeurs fatiguer l'Académie des sciences et les journaux scientifiques de l'annonce de leurs découvertes dans l'art de la navigation aérienne dirigeable, on pouvait s'attendre à voir tant de promesses flatteuses et d'annonces affirmatives aboutir au résultat si désiré.

Hélas! quelle déception! quelle amère et triste dérision! De tous ces hommes qui depuis si longtemps fatiguaient le public, l'Académie et les sociétés savantes de leurs élucubrations, aucun ne put produire le plus faible échantillon de son savoir ni de son pouvoir. Pendant toute la durée du siège de Paris, l'Académie des sciences, ainsi que les *comités scientifiques* établis par le gouvernement de la Défense nationale, furent, il est vrai, assaillis de toutes sortes de projets de navigation aérienne, avec direction; mais aucun de ces projets ne contenait une idée sérieuse. Les auteurs tiraient leurs vieux mémoires des cartons où ils dormaient depuis longtemps d'un sommeil mérité, et ils les adressaient à l'Académie des sciences, avec force calculs à l'appui. Aucun de ces inventeurs n'invoquait la plus petite expérience, le plus simple résultat pratique. Mais ils concluaient tous à la demande, adressée au gouvernement, ou à l'Académie, d'une forte somme d'argent, pour procéder à la construction de leurs appareils.

L'Académie des sciences avait nommé une commission pour examiner les projets relatifs à la direction des aérostats; mais quand elle se fut bien convaincue de la parfaite inanité de tous les plans qui lui avaient été soumis, elle se refusa à présenter aucun rapport, parce qu'elle n'aurait eu à formuler sur cette question que des conclusions négatives.

L'Académie des sciences fit toutefois une exception en faveur de l'un de ses membres, M. Dupuy de Lôme. Le célèbre inventeur et constructeur des bâtiments cuirassés avait pris à cœur la question de la direction des aérostats, d'où dépendait le salut de la capitale, et, bien qu'il ne se fût jamais occupé jusque-là d'aérostation, ses magnifiques travaux dans l'art de l'ingénieur de marine, sa parfaite connaissance des moteurs applicables aux transports en général, donnaient une certaine confiance dans ses promesses. On se disait que, si M. Dupuy de Lôme échouait dans l'entreprise de la direction des ballons, il faudrait à l'avenir renoncer à tout espoir sous ce rapport.

M. Dupuy de Lôme échoua comme les autres, ou

si l'on veut, et ce qui revient au même, le temps lui manqua pour pousser l'entreprise jusqu'au bout.

Il n'arriva, en fin de compte, qu'à réaliser un système déjà expérimenté par un autre chercheur, M. Henri Giffard.

M. Dupuy de Lôme avait construit un aérostat de soie vernie, d'une forme ovoïde-allongée, munie d'une hélice à quatre bras. Il n'avait pas la prétention de lutter contre un courant aérien d'une certaine intensité; il voulait seulement, si le vent était fort, pouvoir faire dévier le ballon, afin de présenter au vent une voile oblique, qui le ferait avancer en louvoyant, comme le fait un navire à voiles voguant sur les eaux.

Pour maintenir le ballon sans cesse gonflé, malgré les déperditions de gaz qui se produisent toujours, M. Dupuy de Lôme employait le moyen qui avait été proposé, à la fin du siècle dernier, par Meusnier : il comprimait de l'air dans un petit ballon, qui était d'avance logé à cet effet dans le grand ballon.

L'appareil chargé d'imprimer le mouvement à l'équipage aérien était fixé à la nacelle du ballon. Mais quel était cet appareil moteur? Une simple hélice, de 8 mètres de diamètre. Un travail de 30 kilogrammètres, exécuté par cette hélice, devait produire une vitesse de deux lieues à l'heure, dans une direction voulue. Quelle faible idée cela ne donne-t-il pas des ressources dont aurait disposé l'esquif aérien !

Le ballon était pourvu d'un gouvernail, placé à l'arrière, afin de pouvoir s'orienter.

Le gaz adopté n'était pas l'hydrogène, mais simplement le gaz d'éclairage.

Il n'y avait en tout cela presque aucune innovation. L'aérostat adopté par M. Dupuy de Lôme différait peu, disons-nous, de celui qui avait été expérimenté en 1852 par M. Henri Giffard que nous décrirons dans un des chapitres suivants. Seulement, M. Henri Giffard avait osé emporter au sein des airs une machine à vapeur, tandis que M. Dupuy de Lôme, craignant, non sans raison d'ailleurs, la présence d'un foyer dans le voisinage d'un gaz inflammable, s'était contenté de la force des hommes.

Il est probable que l'appareil de M. Dupuy de Lôme, ne disposant que de la force humaine, serait resté insuffisant pour réaliser la direction, s'il avait eu à lutter contre la plus faible brise. Dans tous les cas, on n'eut pas à s'en assurer par l'expérience, car les travaux pour la construction de l'aérostat ayant traîné en longueur, la guerre se termina avant que l'appareil de M. Dupuy de Lôme pût s'élancer dans les airs et montrer sa vaillance.

En définitive, il fallut renoncer à l'espoir de diriger les ballons, c'est-à-dire à la seule chance de salut qui restât aux assiégés. On dut se borner à organiser les départs de ballons, que l'on lançait quand le vent était favorable, et qui devaient emporter les passagers vers le nord, le sud ou l'ouest. Montés par un homme déterminé, ces ballons s'en allaient à la garde de Dieu, tombant tantôt dans les lignes prussiennes, tantôt dans des localités sûres, d'autres fois, hélas! allant se perdre dans la mer. Il en est plus d'un dont le sort est resté un secret entre Dieu et les infortunés passagers.

Les Prussiens essayaient en vain d'atteindre, avec leurs armes à feu, les voyageurs aériens.

Les fusils ordinaires ne suffisant pas à atteindre les aérostats dans les airs, les Prussiens firent construire une arme à feu spéciale, de plus longue portée, pour

Un aérostat du siège de Paris passant au-dessus d'un camp prussien.

atteindre les aérostats et en déterminer la chute.

M. Gaston Tissandier a donné le dessin du *mousquet à ballon des Prussiens.*

Dès que le premier ballon-poste, dit M. Tissandier, passa les lignes d'investissement, M. de Moltke s'adressa au constructeur Krupp; il lui confia le soin d'imaginer quelque machine destinée à arrêter l'ardeur des messagers aériens. M. Krupp, le « roi du fer », selon l'expression allemande, quelque peu ridicule, construisit un *mousquet à ballon*, et l'expédia en toute hâte à Versailles, où il fut triomphalement promené dans les rues.

Un tube à canon, muni d'une crosse, constitue le *mousquet à ballon*. Une hausse permet de l'ajuster suivant la distance. L'arme peut osciller, verticalement et horizontalement, autour d'un axe monté sur un genou. On peut donc, comme avec une lunette, diriger la visée sur tous les points du ciel. Un cylindre de bronze supporte le mousquet; ce cylindre est solidement établi sur un chariot léger, à quatre roues, auquel on peut atteler deux chevaux. Un petit siège, situé à l'arrière du chariot, complète l'appareil.

Lorsqu'on voyait un ballon-poste s'élever de Paris, des vedettes allemandes partaient dans la direction suivie par l'aérostat ; elles en donnaient avis, par le télégraphe électrique, et un *mousquet à ballon*, toujours prêt à voyager, se dirigeait, à bride abattue, vers la région correspondant à la route de l'aérostat. Un artilleur habile pointait sur le ballon et tirait.

Plusieurs de nos aéronautes entendirent le sifflement des balles, à la hauteur de 800 à 1,000 mètres environ. Le 12 novembre 1870, le ballon-poste *le Daguerre* fut traversé par plusieurs balles; les voyageurs furent forcés de descendre à Ferrières, où des cavaliers ennemis les firent prisonniers.

A cet exploit paraît s'être borné le succès du *mousquet à ballon* de M. Krupp. Et, de fait, la hauteur à laquelle un ballon voyage le met à l'abri de l'atteinte des projectiles d'une pièce de petit calibre, en lui supposant la plus grande portée possible.

Pour en revenir à notre récit, nous dirons que l'espoir que les Parisiens conservaient de voir revenir les ballons qu'ils avaient expédiés fut déçu par l'impossibilité reconnue de diriger les globes aérostatiques.

Il existait avant la guerre une Société dite *colombophile*, qui s'occupait de dresser des pigeons, pour les faire servir à des messages aériens, système de correspondance qui, en dépit du télégraphe électrique, est encore conservé dans quelques parties de l'Europe.

Quand on se fut bien convaincu que les ballons partis de Paris n'y reviendraient pas, les membres de la *Société colombophile* eurent l'idée de confier leurs pigeons aux ballons partant de Paris. « Que les aérostats enlèvent nos pigeons, dirent-ils; nos pigeons se chargeront bien de revenir. »

M. Rampont, directeur des postes, à qui ce projet fut communiqué, adopta sur l'heure l'idée de faire une expérience de ce moyen précieux.

Le 27 septembre 1870, trois pigeons partaient dans le ballon *la Ville-de-Florence*. Six heures après ils étaient revenus à Paris, avec une dépêche signée de l'aéronaute, qui annonçait sa descente près de Mantes.

Par cette expérience convaincante, la poste aux pigeons était créée.

En effet, après quelques études préalables sur la manière de transporter, de soigner et de *lancer* les pigeons, les expériences ayant réussi au delà de toute attente, M. Rampont se décida à ouvrir au public la poste aux pigeons. Les dépêches destinées à Paris s'expédiaient à Tours, d'où elles partaient pour Paris, par pigeon, moyennant 50 centimes par mot.

363 pigeons furent emportés de Paris en ballon, et lancés, à leur arrivée, des départements voisins. 57 seulement parvinrent à leur destination : 4 en septembre, 18 en octobre, 16 en novembre, 12 en décembre, 3 en janvier et 3 en février.

La poste aux pigeons complétait le service des ballons montés.

Mais ce qui rendit éminemment utile cette charmante invention, ce qui en fit une véritable création scientifique, c'est le système des dépêches photographiques que les pigeons rapportaient à Paris.

Un pigeon ne peut être chargé que d'un bien faible poids. Il emporte dans les airs une feuille de papier, de 4 ou 5 centimètres carrés, roulée finement et attachée à une des plumes de sa queue. Une lettre aussi petite est bien laconique. On peut y écrire à la main quelques mots, quelques phrases peut-être, mais un tel message est bien insignifiant.

Dès le commencement du siège, on songea aux merveilles de la photographie microscopique, créée par M. Dagron, qui avait fait connaître cette invention à l'époque de l'Exposition universelle de 1866. M. Dagron avait exécuté des photographies réduites à des dimensions microscopiques. Quatre ou cinq têtes étaient réunies sur une surface d'un centimètre carré. Sur une surface large comme une tête d'épingle, M. Dagron avait réussi à faire tenir des vues de monuments et de paysages, que l'on regardait au microscope.

L'inventeur de la photographie microscopique fut donc chargé de réduire en un cliché unique, ramené à des proportions microscopiques, un grand nombre de dépêches à destination des départements, que l'on réunissait sur une grande feuille de papier à dessin. Le tout se trouvait réduit, par l'appareil de M. Dagron, à un cliché qui n'était pas plus grand que le quart d'une carte à jouer.

M. Dagron eut bientôt l'idée, au lieu de tirer sur du papier ordinaire l'image photographique ainsi réduite, de la tirer sur une espèce de membrane assez semblable à la gélatine, c'est-à-dire sur une lame de collodion.

Les petites feuilles de collodion contenant les dépêches microscopiques étaient roulées sur elles-mêmes et placées dans un tuyau de plume, que l'on attachait à la queue d'un pigeon. L'extrême légèreté des feuilles de collodion, leur souplesse et leur imperméabilité les rendaient propres à cet usage. Dans un seul tuyau de plume on pouvait placer vingt de ces feuilles de collodion.

Les dépêches microscopiques sur le collodion étant une fois parvenues à destination, grâce aux messagers aériens, on les amplifiait à l'aide d'une lentille grossissante, c'est-à-dire d'une sorte de lanterne magique, et l'on en envoyait copie aux destinataires.

On vient de voir que c'est à Paris que cette ingénieuse et précieuse idée avait été mise en pratique par M. Dagron. Il est juste d'ajouter qu'à Tours on avait, avec un succès complet, commencé à produire des dépêches toutes semblables, qui avaient été expédiées à Paris. Un photographe de Tours, M. Blaise, s'était chargé de cette difficile entreprise. Guidé par un chimiste de Paris, d'une rare habileté, Barreswil (qui devait peu de temps après succomber à ses fatigues), M. Blaise avait installé dans ses ateliers la préparation des dépêches microscopiques. Pendant qu'il continuait ses opérations, M. Dagron arriva de Paris, chargé par le gouvernement d'installer à Tours ce même service. Il était parti en ballon, et sa traversée aérienne avait été accidentée par mille périls. Heureusement il avait pu sauver ses appareils. Dès son arrivée à Tours, M. Dagron prit la direction de la préparation des dépêches microscopiques par son procédé à la membrane collodionnée, et il remplaça M. Blaise pour le service des dépêches du gouvernement.

M. Blaise se contentait d'exécuter sur papier la dépêche microscopique ; le procédé de M. Dagron, consistant, comme il vient d'être dit, à faire ce tirage sur une pellicule de collodion, était beaucoup plus avantageux. Aussi fut-il préféré. Dès l'arrivée de M. Dagron on substitua le tirage sur la pellicule de collodion au tirage sur papier.

Cependant les progrès de la poste aux pigeons furent arrêtés par l'inclémence de la saison. A partir du mois de janvier 1871, les dépêches reçues à Paris devinrent rares. Le froid enlevait leurs merveilleuses facultés aux messagers ailés.

Le service de la *poste aérienne*, organisée par M. Rampont, directeur des postes sous le gouvernement de la Défense nationale, fit partir 54 ballons, qui emportèrent 2,500,000 lettres, sous forme de dépêches microscopiques sur membrane de collodion.

Le résumé de ces voyages a été donné par M. Saint-Edme, dans un ouvrage qui a pour titre *la Science pendant le siège de Paris*. Nous emprunterons à cet ouvrage la liste des ballons expédiés pendant le siège.

Le 7 octobre, dit M. Saint-Edme, départ de l'*Armand-Barbès*. Il emporte M. Gambetta et les premiers pigeons de l'administration. Parti à 11 heures 15 minutes de la place Saint-Pierre, il est arrivé à *Épineuse* à 3 heures 30 minutes. On se rappelle les circonstances critiques de la descente de ce ballon, qui faillirent livrer M. Gambetta aux Prussiens.

Le même jour partait le *George-Sand*.

12 octobre, départ de deux ballons, *Washington* et *Louis-Blanc*, avec des lettres et M. Trachet, propriétaire de pigeons.

14 octobre, le *Godefroy-Cavaignac*, conduit par M. Godard père, emmenant M. de Kératry et ses deux secrétaires. Il atterrit à Crillon, près de Bar-le-Duc. Le même jour le *Guillaume-Tell* emmenait M. Ranc.

16 octobre, départ du *Jules-Favre*.

18 octobre, départ du *Victor-Hugo*.

19 octobre, départ du *Lafayette*, emmenant M. A. Dubost.

23 octobre, départ du *Garibaldi*, emmenant M. de Jouvencel.

25 octobre, départ du *Montgolfier*.

27 octobre, départ du *Vauban*, qui tomba près de Verdun, dans les lignes prussiennes; les aéronautes purent fuir.

29 octobre, départ du *Général-Charras*.

2 novembre, départ du *Fulton*.

4 novembre, départ du *Flocon* et du *Galilée*, lequel fut capturé; les aéronautes furent conduits dans une forteresse allemande.

6 novembre, départ du *Châteaudun*.

8 novembre, départ de la *Gironde*.

12 novembre, départ du *Daguerre*; ce ballon fut, comme le précédent, capturé par les assiégeants.

Le *Niepce*, parti le même jour, eut un sort plus heureux.

18 novembre, départ du *Général-Uhrich*.

21 novembre, départ de l'*Archimède*, dont la descente s'effectua en Hollande.

23 novembre, départ de la *Ville-d'Orléans*, qui atterrit en Norvège; chacun a dû s'intéresser au récit si émouvant de cette course aérienne fantastique.

28 novembre, départ du *Jacquard*.

30 novembre, départ du *Jules-Favre*, deuxième du nom, tombé à *Belle-Isle en Mer*, et apportant la nouvelle de la sortie de Ducrot.

5 décembre, départ du *Franklin*.
7 décembre, départ du *Denis-Papin*.
15 décembre, départ de la *Ville-de-Paris*. Ce ballon, monté par M. Delamarre, est tombé dans le Nassau; l'aéronaute a publié le récit de son voyage chez les Allemands.
17 décembre, départs du *Parmentier* et du *Gutenberg*.
18 décembre, départ du *Davy*.
20 décembre, départ du *Général-Chanzy*.
22 décembre, départ du *Lavoisier*.
23 décembre, départ de la *Délivrance*.
27 décembre, départ du *Tourville*.
29 décembre, départ du *Bayard*.
31 décembre, départ de *l'Armée-de-la-Loire*.
4 janvier 1871, départ du *Newton*.
9 janvier, départ du *Duquesne*.
10 janvier, départ du *Gambetta*.
11 janvier, départ du *Kepler*.
13 janvier, départ du *Faidherbe*.
15 janvier, départ du *Vaucanson*.
18 janvier, départ de la *Poste-de-Paris*.
20 janvier, départ du *Bourbaki*.
22 janvier, départ du *Daumesnil*.
24 janvier, départ du *Torricelli*.
27 janvier, départ du *Richard-Wallace*.
28 janvier, départ du *Général-Cambronne*.

En tenant compte des lieux de départ de ces ballons, qui se sont suivis si régulièrement, on trouve que :

26 départs ont eu lieu de la gare d'Orléans.
16 — de la gare du Nord.
3 — de la place Saint-Pierre à Montmartre.
2 — des Tuileries.
2 — de la barrière d'Italie.
1 — de l'usine de Vaugirard.
1 — de la Villette.

Les ballons du siège de Paris, lancés par tous les temps, de préférence la nuit, et conduits par des aéronautes de hasard, rencontrèrent beaucoup de péripéties dans leur traversée. On n'a retenu de ces événements que ceux qui ont amené une catastrophe. Il faut rappeler, à ce titre, la mort du marin Prince, parti le 30 novembre, à 11 heures du soir, au milieu des ténèbres, dans la nacelle du *Jacquard* et qu'on ne revit jamais. Un navire anglais l'aperçut, dit-on, au-dessus de Plymouth ; mais c'est tout ce que l'on a pu en savoir. Le malheureux Prince dut périr dans les flots.

Le même jour, deux autres aéronautes, MM. Martin et Ducaurroy, partis à minuit, sur le *Jules-Favre*, tombaient dans l'Océan, au lever du jour. Heureusement, ils se trouvaient près de la petite île de Belle-Isle en Mer, et ils purent diriger leur chute de manière à tomber sur le sol de l'île.

Le 27 janvier, l'aéronaute Lacaze s'élevait de Paris, à 3 heures du matin, dans le ballon *le Richard-Wallace*. On le vit à 2,000 mètres de hauteur, au-dessus de la Rochelle. Les habitants de ce port, voyant ce ballon planer par-dessus la mer, croyaient qu'il allait descendre sur le rivage ; mais, à la stupéfaction générale, il continua sa route, et on le perdit de vue, planant toujours sur l'Océan, qui devint le tombeau du malheureux aéronaute.

Le *Richard-Wallace* était le dernier ballon lancé pendant le siège de Paris. En effet, dès le lendemain, 28 janvier 1871, l'armistice était conclu, et un dernier ballon, *le Général-Cambronne*, allait porter cette nouvelle aux départements. Le pauvre Lacaze avait joué de malheur.

Un autre aéronaute, M. Rollier, vit la mort d'aussi près, et dans des circonstances dignes d'être rappelées, c'est-à-dire pendant une traversée d'une longueur extraordinaire. M. Rollier était parti, le 23 novembre

1870, par un vent violent et une nuit très noire. Le lendemain, au lever du soleil, il se trouvait sur l'Océan. Son lest étant totalement épuisé, le ballon tombait lentement à la mer, lorsque, par un hasard providentiel, un vent d'est très vif s'étant levé, l'aérostat fut poussé vers la Norvège, où il atterrit quelques heures après. Le parcours avait été de plus de 500 lieues en quelques heures.

La grande préoccupation des aéronautes du siège de Paris, c'étaient les balles prussiennes; mais un seul aérostat français fut atteint par un projectile. On se maintenait à la plus grande altitude possible, entre 1,500 et 2,000 mètres, et les balles ne portèrent jamais à cette hauteur dans l'air.

Depuis le siège de Paris, le gouvernement de la république a fait exécuter des recherches spéciales, par une commission d'officiers supérieurs du génie, dans le but de tirer parti des aérostats dans les opérations militaires. Aucune occasion ne s'étant encore présentée, même pendant la guerre de Tunisie (1881), d'avoir recours au service des ballons, et les expériences des commissions militaires étant toujours entourées d'un grand mystère, nul ne peut dire avec exactitude quel est l'état actuel de la question des aérostats appliqués à l'art de la guerre.

C'est à un savant officier du génie, le colonel Laussedat, que ces études sont confiées. Rien ne transpire naturellement des résultats obtenus sous la direction de cet officier. Tout ce que l'on sait, c'est qu'en 1875, le colonel Laussedat, exécutant une ascension dans un ballon captif, fit avec son aérostat une chute terrible, qui faillit lui coûter la vie, ce qui ne plaide pas précisément en faveur des avantages de l'aérostation militaire.

Nous ajouterons que l'enseignement qui découle des services qu'ont rendus pendant le siège de Paris les pigeons emportés par des aérostats n'a pas été perdu. Il a été décidé, après la guerre de 1870-1871, que toutes nos places fortes seraient pourvues d'un colombier où l'on élèverait des pigeons. En cas d'investissement, des ballons emporteraient des pigeons, qui reviendraient à leur colombier, avec les dépêches qu'on leur aurait confiées.

Nous n'avons pas besoin de dire que les autres nations n'ont pas manqué d'imiter notre exemple, et que la *poste aérienne* serait d'un usage général, en cas de guerre.

A Paris, ces décisions ont été prises à la suite d'études attentives et d'exercices pratiques qui se continuent sans interruption. On choisit un pigeon dans plusieurs colombiers de Bruxelles, de Bruges, etc., on enferme tous ces coureurs aériens dans un panier, et on les envoie à Paris par le chemin de fer. Puis on les lâche à Paris.

Plusieurs *lâchers de pigeons* ont eut lieu à Paris, en 1884, au Palais de l'Industrie.

A peine le couvercle d'osier était-il soulevé, que les prisonniers s'envolaient avec la rapidité d'une flèche, et prenaient la direction de leur colombier. La plupart revenaient au gîte. Quelques-uns s'égaraient, d'autres se perdaient, mais le fait était rare. Le pigeon arrivé le premier de cette espèce de concours de vitesse obtenait le prix, et le propriétaire touchait l'enjeu qui avait été placé sur la tête des autres pigeons.

CHAPITRE XII

Le parachute. — Machines à voler imaginées avant le XIXe siècle. — Le père Lana — Le père Galien. — J.-B. Dante. — Le Besnier. — Alard. — Le marquis de Baqueville. — L'abbé Desforges. — Blanchard. — Premier essai du parachute actuel fait à Montpellier par Sébastien Lenormand. — Drouet. — Jacques Garnerin.

A l'histoire de l'aérostation se rattache l'*art de voler dans les airs* et l'invention du *parachute*. Le moment est venu de traiter ces deux questions, naturellement attachées au sujet qui nous occupe.

L'invention du parachute a été la conséquence éloignée peut-être, mais au moins la conséquence immédiate, des tentatives si nombreuses qui avaient été faites pendant les siècles précédents, pour arriver à réaliser le vol aérien. C'est ce qui nous oblige à remonter un peu haut dans l'histoire, pour rechercher les premières traces de cette invention.

Au treizième siècle, l'illustre et malheureux Roger Bacon, dans son ouvrage *De secretis operibus artis et naturæ*, où il jette un coup d'œil de génie sur une foule de questions mécaniques et physiques, admet la possibilité de construire des machines volantes. Passant à l'application de ses idées, Roger Bacon donne la description d'une « machine volante. »

Le projet dont Roger Bacon posait le principe fut mis à exécution après lui. Après la mort de cet illustre et malheureux savant, on trouve un certain nombre de mécaniciens qui essayent de construire des appareils destinés à imiter le vol des oiseaux, et quelques inventeurs osent confier leur vie au jeu de ces machines.

Jean-Baptiste Dante, habile mathématicien, qui vivait à Pérouse, vers la fin du quinzième siècle, construisit des ailes artificielles, qui, appliquées au corps de l'homme, lui permettaient, a-t-on dit, de s'élever dans les airs.

Selon l'abbé Mouger, qui lut à l'Académie de Lyon, le 11 mai 1773, un *Mémoire sur le vol aérien*, J.-B. Dante aurait fait plusieurs fois l'essai de son appareil, sur le lac de Trasimène. Mais ces expériences eurent une assez triste fin. Le jour de la célébration du mariage de Barthélemy d'Alviane, Dante voulut donner à la ville de Pérouse le spectacle d'une ascension. « Il s'éleva très haut, dit l'abbé Mouger, et vola par-dessus la place ; mais le fer avec lequel il dirigeait une de ses ailes s'étant brisé, il tomba sur le toit de l'église de Saint-Maur, et se cassa la cuisse. »

Dante ne mourut point des suites de cet accident. Il obtint, peu après, une chaire de mathématiques à Venise.

Selon le même écrivain, un accident semblable serait arrivé précédemment à un savant bénédictin anglais, Olivier de Malmesbury. Ce bénédictin passait pour fort habile dans l'art de prédire l'avenir ; cependant il ne sut point deviner le sort qui l'attendait. Il fabriqua des ailes, d'après la description qu'Ovide nous a laissée de celles de Dédale, les attacha à ses bras et à ses pieds, et s'élança du haut d'une tour. Mais ses ailes le soutinrent à peine l'espace de cent vingt pas ; il tomba au pied de la tour, se cassa les deux jambes, et traîna depuis ce moment une vie languissante.

Il se consolait néanmoins de sa disgrâce en affirmant que son entreprise aurait certainement réussi s'il avait eu soin de se munir d'une queue!

On affirme que Léonard de Vinci aurait construit une machine à voler. Le célèbre artiste de la Renaissance, qui fut en même temps peintre, chimiste, mécanicien et physicien de premier ordre, avait assez de génie pour aborder une telle entreprise.

« Léonard de Vinci, dit Libri, étudia longuement le mouvement des animaux et le vol des oiseaux. Il avait entrepris ces recherches pour essayer s'il serait possible de faire voler les hommes. »

Libri cite, en note, un passage du manuscrit de Léonard de Vinci, relatif à cette question.

En 1670, un jésuite de Brescia, nommé Lana, publia un ouvrage intitulé *Prodromo d'ell arte maestro*. Le quatrième livre est consacré à décrire la construction d'un *vaisseau volant*, et cette description est accompagnée d'une figure gravée.

Le dessin du *vaisseau volant* de Lana, que Faujas de Saint-Fond a reproduit dans son ouvrage, *Expériences aérostatiques*, publié en 1783, donna alors beaucoup à penser. On s'imagina, mais bien faussement, que les frères Montgolfier avaient pu emprunter quelque chose à l'ouvrage du jésuite italien.

Il suffit de lire l'auteur original pour dissiper ce préjugé. Le prétendu vaisseau volant du jésuite italien est un objet de pure fantaisie. C'est une de ces rêveries, comme on en trouve tant dans les ouvrages de cette époque, où le fantastique tient trop souvent la place de la réalité scientifique. Écoutons, en effet, ce qu'en dit l'auteur.

Ce vaisseau devait être à mâts et à voiles. Il porterait à la poupe et à la proue deux globes de cuivre

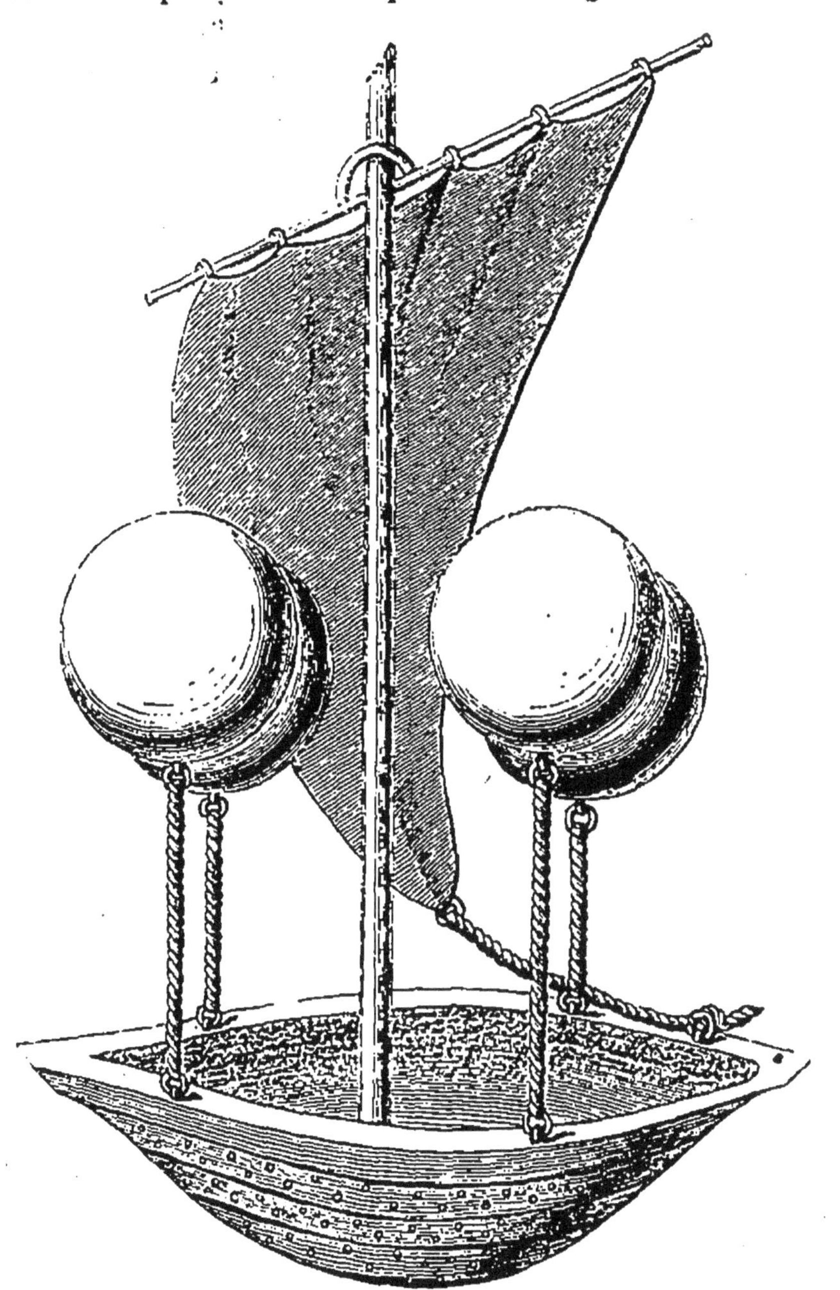

Projet de bateau volant du jésuite Lana.

attachés à des cordages. Lana assure que, si l'on chasse l'air contenu dans ces boules de cuivre ou si l'on y fait le vide, pour employer le langage d'aujourd'hui, ces globes, étant devenus plus légers que l'air environnant, s'élèveront dans l'atmosphère et entraîneront le vaisseau.

Nous n'avons pas besoin de montrer ce qu'avait d'illusoire une idée semblable. D'ailleurs les moyens que le père Lana propose pour chasser l'air des globes de cuivre sont dépourvus de bon sens.

Nous représentons le *bateau volant de Lana*, d'après la figure originale que l'on trouve reproduite dans l'ouvrage de Faujas de Saint-Fond. Mais il est bien entendu, nous le répétons, que ce n'est là qu'une pure fantaisie, un caprice de l'imagination, sans aucun fondement réel.

Un autre religieux, le P. Galien, d'Avignon, a écrit, en 1755, un petit livre sur *l'art de naviguer dans les airs*. A l'époque de la découverte des aérostats, quelques personnes prétendirent que les frères Montgolfier avaient puisé le principe de leur découverte dans le livre oublié du père Galien. Les inventeurs dédaignèrent de combattre cette assertion. L'ouvrage du père Galien n'est, en effet, qu'un simple jeu d'esprit, une sorte de rêverie, qui serait peut-être amusante si l'auteur ne voulait appuyer sur des chiffres et des calculs les fantaisies de son imagination.

En 1768, un mécanicien, nommé Le Besnier, originaire de la province du Maine, fit, à Paris, diverses expériences d'une *machine à voler*. L'instrument dont il se servait était composé de quatre ailes, ou pales, de taffetas, brisées en leur milieu, et pouvant se plier et se mouvoir à l'aide d'une charnière, comme un volet de fenêtre. Ces ailes étaient fixées sur ses épaules, et Le Besnier les faisait mouvoir alternativement, au moyen des pieds et des mains.

Le Besnier ne prétendait pas s'élever de terre, ni planer longtemps en l'air; mais il assurait qu'en partant d'un lieu médiocrement élevé, il pourrait se transporter aisément d'un endroit à un autre, de manière à franchir, par exemple, un bois ou une rivière.

Les ailes de Le Besnier.

Il paraît que Le Besnier fit usage de ses ailes avec un certain succès, et qu'un baladin qui lui en acheta une paire s'en servit heureusement à la foire de Guibray.

Il n'en fut pas de même d'un certain Bernon, qui, à Francfort, se cassa le cou, en essayant de voler.

La tradition rapporte que, sous Louis XIV, un danseur de corde, nommé Alard, annonça qu'il ferait devant le roi, à Saint-Germain, une expérience de vol aérien. Il devait s'élancer de la terrasse, et se rendre, par la voie de l'air, jusque dans le bois du Vésinet. Il paraît qu'il se servait d'une sorte de pale ou plan incliné, à l'aide duquel il comptait s'abaisser doucement vers la terre. Il partit; mais, l'appareil répondant mal aux vues de sa construction, le maladroit Dédale tomba au pied de la terrasse, et se blessa dangereusement.

En 1772, l'abbé Desforges, chanoine à Étampes, fit publier, par la voie des journaux, l'annonce de l'expérience publique d'une voiture volante, de son invention. Au jour indiqué, un grand nombre de curieux répondirent à cet appel. On trouva le chanoine installé, avec sa voiture, sur la vieille tour de Guitel. Sa machine était une sorte de nacelle, munie de grandes ailes à charnières. Elle était longue de sept pieds, et large de trois et demi. Selon l'inventeur, tout avait été prévu; la gondole, qui pouvait, au besoin, servir de bateau, devait faire trente lieues à l'heure; ni les vents, ni la pluie, ni l'orage, ne devaient arrêter son essor.

Le chanoine entra dans sa voiture, et, le moment du départ étant venu, il déploya ses ailes, qui furent mises en mouvement avec une grande vitesse. Mais il ne put réussir à prendre son vol.

L'expérience annoncée n'eut donc pas lieu, et la comédie italienne joua, à propos de cette tentative avortée, un vaudeville historique, intitulé *le Cabriolet volant*, qui fit courir tout Paris.

Au commencement de notre siècle, le marquis

de Baqueville eut, à Paris, un sort à peu près semblable. Il avait construit d'énormes ailes, pareilles à celles qu'on donne aux anges; il annonça qu'il traverserait la Seine en volant, et viendrait s'abattre dans le jardin des Tuileries. L'hôtel du marquis de Baqueville était situé sur le quai des Théatins, au coin de la rue des Saints-Pères. Il s'élança de la fenêtre, et s'abandonna à l'air. Il paraît que, dans les pre-

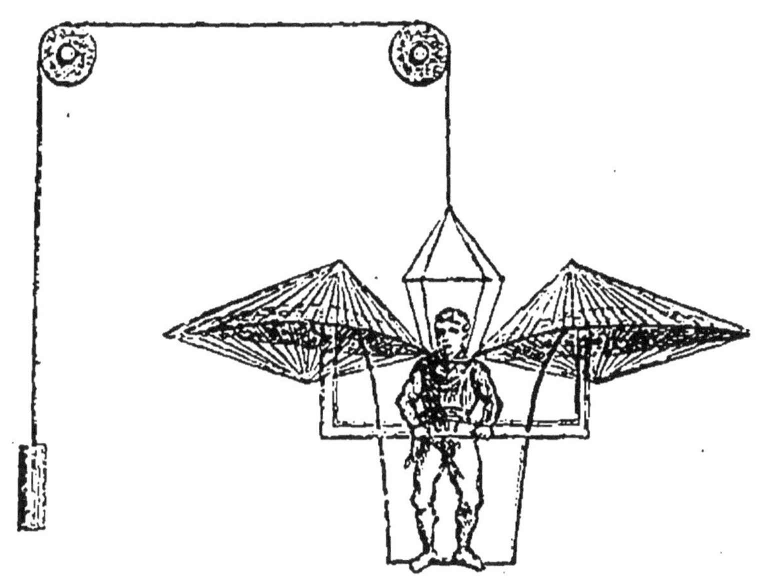

Machine volante de Blanchard.

miers instants, son vol fut assez heureux; mais, lorsqu'il fut parvenu au milieu de la Seine, ses mouvements devinrent incertains, et il finit par tomber sur un bateau de blanchisseuse. Le volume de ses ailes amortit un peu la chute : il en fut quitte pour une cuisse cassée.

La dernière machine de ce genre est le *bateau volant* dont Blanchard faisait l'exhibition de 1780 à 1783, dans une maison de la rue Taranne qui fut occupée plus tard par un établissement de bains, et qui appartenait alors à l'abbé Viennay, son protecteur déclaré.

Blanchard travailla plusieurs années à son bateau volant; mais jamais il n'en fit une expérience sérieuse. Il montra longtemps sa machine dans les jardins de l'hôtel de la rue Taranne, promettant toujours de procéder à une expérience de vol aérien, et ne se décidant jamais à la faire. Il avait construit deux appareils différents, qu'il modifiait d'ailleurs sans cesse. C'était d'abord son *bateau volant*, espèce de nacelle aérienne munie de rames, dont il voulait faire usage dans son ascension au Champ-de-Mars le 2 mars 1784, mais dont il ne put tirer aucun parti.

Blanchard, outre ce premier système, avait construit une paire d'ailes qu'il appliquait à son corps, et qui lui permettait de s'élever jusqu'à 80 mètres de hauteur, au moyen d'un contre-poids.

Pour se servir de ce dernier appareil, que nous représentons ici, Blanchard se plaçait à terre, et s'élevait à 80 pieds de hauteur, au moyen d'un contre-peids de 20 livres, qui glissait le long d'un mât.

Mais, pour voler, il aurait fallu supprimer ce contre-poids, et là était la difficulté. Pendant plusieurs années, il chercha, sans y parvenir, le moyen de se délivrer de cette entrave. C'était comme un danseur de corde qui voudrait jeter son balancier. Or il ne put jamais en venir là.

Le mauvais résultat des nombreux essais entrepris pendant le dernier siècle pour construire des machines aériennes fit abandonner, de guerre lasse, ce genre de recherches. Si le succès eut couronné d'aussi puériles tentatives, on aurait obtenu une machine

Lenormand fait la première expérience du parachute, du haut de la tour de l'Observatoire de Montpellier.

pouvant peut-être satisfaire, quelques instants, la curiosité publique, mais incapable, en fin de compte, de répondre à aucun objet d'application sérieuse. D'ailleurs le géomètre Lalande démontra l'impossibilité de réussir dans cette voie. Dans une lettre adressée, en 1782, au *Journal des savants*, Lalande prouva mathématiquement que, pour élever et soutenir un homme dans les airs, sans autre point d'appui que lui-même, il faudrait le munir de deux ailes de 180 pieds de long et d'autant de large, c'est-à-dire de la dimension des voiles d'un vaisseau, masse évidemment impossible à soutenir et à manœuvrer, avec les seules forces d'un homme.

La découverte des aérostats, en 1783, vint couper court à tous les essais de ce genre. A partir de ce moment, les volateurs cédèrent la place aux aéronautes.

Cependant, les anciennes expériences relatives au vol aérien ne furent pas inutiles, lorsqu'on songea à donner à l'aéronaute le moyen de se séparer de son ballon au milieu des airs, c'est-à-dire lorsqu'on voulut créer le parachute, appareil propre à favoriser la descente du navigateur aérien dans les cas périlleux ou embarrassants. Ce dernier problème fut plus facilement résolu, grâce aux données fournies par les anciennes expériences concernant le vol aérien.

Le physicien qui, le premier, conçut et mit en pratique le parachute actuel, est Sébastien Lenormand, qui devint, plus tard, professeur de technologie au Conservatoire des arts et métiers de Paris. C'est à Montpellier qu'il en fit, en 1783, la première expérience.

Voici le principe physique sur lequel repose le parachute.

Tous les corps, quelles que soient leur nature et leur forme, tombent dans le vide avec la même vitesse. On fait souvent, dans les cours de physique, une expérience qui démontre clairement ce fait. Dans un tube de verre, de 3 à 4 mètres de longueur, fermé à ses deux extrémités, on place divers corps, de poids très différents, tels que du plomb, du papier, des barbes de plumes, etc., ensuite on fait le vide dans ce tube, à l'aide de la machine pneumatique. Lorsque le tube est parfaitement privé d'air, on le retourne brusquement, de manière à le placer dans la verticale. On voit alors tous les corps, tombant dans l'intérieur du tube, venir, au même instant, en frapper le fond.

Ainsi, dans un espace vide, tous les corps tombent avec la même vitesse; quand la force de la pesanteur n'est combattue par aucune résistance qui puisse contrarier ses effets, elle s'exerce avec la même énergie sur tous les corps, quels que soient leur forme et leur poids. Dans le vide, un boulet ne tomberait pas plus vite qu'une plume, une montagne ne tomberait pas avec plus de rapidité qu'une pierre.

Les choses se passent autrement dans l'atmosphère. La cause de cette différence, c'est l'air, qui oppose à la chute des corps une résistance dont tout le monde connaît les effets. Les corps ne peuvent tomber sans déplacer de l'air, et par conséquent sans perdre de leur mouvement, en le partageant avec lui. Aussi la résistance de l'air croît-elle avec la vitesse, et l'on exprime cette loi, en physique, en disant que la résistance de l'air croît comme le carré de la vitesse du mobile : c'est-à-dire que, pour une vitesse double, la résistance de l'air est quatre fois plus forte :

pour une vitesse triple, neuf fois plus considérable, etc. Il résulte de là que, si une masse pesante vient à tomber d'une grande hauteur, la résistance de l'air devient suffisante pour rendre uniforme le mouvement accéléré, qui est, comme on le sait, particulier à la chute des corps graves.

La résistance de l'air croît aussi avec la surface du corps qui tombe. Si cette surface est très grande, le mouvement uniforme s'établissant plus près de l'origine du mouvement, la vitesse constante de la chute en est considérablement retardée. Ainsi, en donnant à la surface d'un corps tombant au milieu de l'air un développement suffisant, on peut ralentir à son gré la rapidité de sa chute. Selon la plupart des physiciens, un développement de surface de 5 mètres suffit pour rendre très lente la descente d'un poids de 100 kilogrammes.

C'est sur ces deux principes qu'est fondée la construction de l'appareil connu sous le nom de *parachute*. On a eu l'idée de suspendre, au-dessous des aérostats, un de ces instruments destinés à devenir, dans les cas périlleux, un moyen de sauvetage. Si, par un événement quelconque, le ballon n'offre plus les garanties suffisantes de sécurité, l'aéronaute, se plaçant dans la petite nacelle du parachute, coupe la corde qui le retient. Débarrassé de ce poids, l'aérostat s'élance dans les régions supérieures, le parachute se développe, et ramène à terre la nacelle, par une chute douce et modérée.

C'est en 1783, avons-nous dit, que Lenormand fit la première expérience d'un appareil destiné à prévenir les dangers d'une chute du haut des airs.

Lenormand avait lu, dans quelques relations de

voyages, que, dans certains pays, des esclaves, pour amuser leur roi, se laissent tomber d'une assez grande hauteur, munis d'un parasol, sans se faire de mal, parce que la vitesse de la chute est amoindrie par la couche d'air comprimée par le parasol. Il lui vint à l'esprit de répéter lui-même cette expérience, et, le 26 novembre 1783, il se laissa aller de la hauteur d'un premier étage, tenant de chaque main un parasol de trente pouces. Les extrémités des baleines de ces parasols étaient rattachées au manche par des ficelles, afin que la colonne d'air ne les fît pas rebrousser en arrière. La chute lui parut insensible.

En faisant cette expérience, Lenormand fut aperçu par un curieux, qui en rendit compte à l'abbé Bertholon, alors professeur de physique à Montpellier. Ce dernier ayant demandé à Lenormand quelques explications à ce sujet, Lenormand lui offrit de répéter devant lui l'expérience, en faisant tomber de cette manière différents animaux, du haut de la tour de l'Observatoire de Montpellier.

Ils firent ensemble ce nouvel essai. Lenormand disposa un parasol de trente pouces, comme il l'avait fait la première fois, et il attacha au bout du manche divers animaux, dont la grosseur et le poids étaient proportionnés au diamètre du parasol. Les animaux touchèrent terre, sans éprouver la moindre secousse.

« D'après cette expérience, dit Lenormand, je calculai la grandeur d'un parasol capable de garantir d'une chute, et je trouvai qu'un diamètre de quatorze pieds suffisait, en supposant que l'homme et le parachute n'excèdent pas le poids de deux cents livres ; et qu'avec ce parachute, un homme peut se laisser tomber de la hauteur des nuages, sans risquer de se faire de mal. »

Pendant la tenue des états du Languedoc, c'est-à-dire vers la fin de décembre 1783, Lenormand fit cette courageuse expérience. Il se laissa aller du haut de la tour de l'Observatoire de Montpellier, armé de son parachute. Montgolfier, qui était alors à Montpellier, fut témoin de cette expérience saisissante, et il approuva beaucoup le nom de *parachute* que Lenormand donna à cet appareil.

Peut-être Sébastien Lenormand avait-il été enhardi à faire ce périlleux essai par les curieuses circonstances d'un accident qui était arrivé, peu de temps auparavant, à Nîmes. La fille d'un pâtissier, âgée de dix-huit ans, avait eu l'imprudence d'attacher des rideaux à une fenêtre qu'elle avait laissée ouverte. L'échelle sur laquelle elle était montée glissa, et la pauvre fille fut précipitée, par la fenêtre, du second étage dans la cour. Par bonheur pour elle, un vent du nord très violent soufflait en ce moment et s'engouffrait par la porte de la maison. Le vent gonfla les vêtements de la jeune fille en forme de parasol, de sorte qu'elle en fut quitte pour quelques contusions. Mais ce qu'il y a de plus extraordinaire dans cette aventure, c'est que la demoiselle était sourde, et que l'usage de l'ouïe lui fut rendu par l'émotion qu'elle éprouva dans sa chute.

Peu de temps après, Blanchard, dans ses ascensions publiques, répétait sous les yeux des Parisiens, et comme objet de divertissement, l'expérience que Lenormand avait exécutée à Montpellier. Il attachait à un vaste parasol divers animaux, qu'il lançait du haut de son ballon, et qui arrivaient à terre sans le moindre mal. Mais, bien que ces expériences eussent toujours réussi. Blanchard n'eut jamais la pensée de rechercher si le parachute, développé et agrandi, pourrait devenir pour l'aéronaute un moyen de sauvetage.

Cette pensée audacieuse s'offrit à l'esprit de deux prisonniers.

Jacques Garnerin, qui devint plus tard l'émule et le rival heureux de Blanchard, avait été témoin, à Paris, des expériences que ce dernier exécutait avec différents animaux qu'il faisait descendre en parachute, du haut de son ballon. Envoyé, en 1793, à l'armée du Nord, comme commissaire de la Convention nationale, Garnerin fut fait prisonnier, dans un combat d'avant-postes à Marchiennes. Pendant la longue captivité qu'il subit, en Hongrie, dans les prisons de Bude, l'expérience de Lenormand lui revint en mémoire, et il résolut de la mettre à profit pour recouvrer sa liberté. Mais il ne put réussir à cacher les préparatifs de sa fuite; on s'empara des pièces qu'il commençait à disposer, et il dut renoncer à mettre son projet à exécution.

Un autre prisonnier poussa plus loin la tentative. Ce fut Drouet, le maître de poste de Sainte-Menehould, qui avait arrêté Louis XVI, pendant sa fuite à Varennes.

Drouet avait été nommé, par le département de la Marne, membre de la Convention. En 1793, il fut envoyé, comme commissaire, à l'armée du Nord, et il se trouvait à Maubeuge, lors du blocus de cette ville par les Autrichiens. Craignant de tomber au pouvoir des assiégeants, il se décida à revenir à Paris, et partit, pendant la nuit, avec une escorte de dragons. Mais, son cheval s'étant abattu, il fut pris par les Autrichiens, qui l'emmenèrent prisonnier à Bruxelles, puis à Luxembourg. Lorsque les alliés abandonnèrent les Pays-Bas, en 1794, ils transportèrent Drouet à la forteresse de Spielberg, en Moravie.

C'est là qu'inspiré par le souvenir des petits parachutes qu'il avait vu jeter par Blanchard au Champ-de-Mars, pour lancer des animaux du haut de son ballon, Drouet essaya de s'échapper, à l'aide d'un moyen semblable. Il fabriqua, avec les rideaux de son lit, une sorte de vaste parasol, et réussit à cacher son travail aux soldats qui le gardaient. La nuit étant venue, il se laissa aller du haut de la citadelle. Mais il se cassa le pied en tombant, et fut ramené dans sa prison, d'où il ne sortit qu'un an après, pour être échangé, avec quelques autres représentants du peuple, contre la fille de Louis XVI.

Revenons à Jacques Garnerin.

Rendu à la liberté, en 1797, Jacques Garnerin en profita pour mettre à exécution le projet qu'il avait conçu dans les prisons de Bude. Il voulut reconnaître si le parachute, avec les dimensions et la forme qu'il avait calculées, ne pourrait pas être utile, comme moyen de sauvetage dans les voyages aérostatiques. Il exécuta cette belle expérience, le 22 octobre 1797.

A cinq heures du soir, Jacques Garnerin s'éleva, en ballon, au parc de Monceaux. La petite nacelle dans laquelle il s'était placé était surmontée d'un parachute replié, suspendu lui-même à l'aérostat. L'affluence des curieux était considérable : un morne silence régnait dans la foule ; l'intérêt et l'inquiétude étaient peints sur tous les visages. Lorsqu'il eut dépassé la hauteur de 1,000 mètres, on vit Garnerin couper la corde qui rattachait le parachute à son ballon. Ce dernier se dé-

Descente de Jacques Garnerin en parachute

gonfla et tomba, tandis que la nacelle et le parachute portant Jacques Garnerin étaient précipités vers la terre, avec une prodigieuse rapidité.

L'instrument s'étant développé, la vitesse de la chute fut très amoindrie. Mais la nacelle éprouvait des oscillations énormes, qui résultaient de ce que l'air accumulé au-dessous du parachute, et ne rencontrant pas d'issue, s'échappait tantôt par un bord, tantôt par un autre, et provoquait des oscillations et des secousses effrayantes. Un cri d'épouvante s'échappa du sein de la foule; plusieurs femmes s'évanouirent.

Heureusement, on n'eut à déplorer aucun accident fâcheux. Arrivée à terre, la nacelle heurta fortement le sol, mais ce choc n'eut point d'issue funeste. Garnerin monta aussitôt à cheval, et s'empressa de revenir au parc de Monceaux, pour rassurer ses amis et recevoir les félicitations que méritait son courage. L'astronome Lalande s'empressa d'aller annoncer ce succès à l'Institut, qui se trouvait assemblé, et la nouvelle y fut reçue avec un intérêt extrême.

Dès sa seconde ascension, Garnerin apporta au parachute un perfectionnement indispensable, qui lui donna toutes les conditions nécessaires de sécurité. Il pratiqua, au sommet, une ouverture circulaire, surmontée d'un tuyau de 1 mètre de hauteur. L'air, accumulé dans la concavité du parachute, s'échappe par cet orifice. De cette manière, sans nuire aucunement à l'effet de l'appareil, on évite ces oscillations qui avaient fait courir à Garnerin un si grand danger.

Les descentes en parachute se multiplièrent à cette époque. Ce spectacle extraordinaire attirait toujours une foule immense au Champ-de-Mars, où Garnerin l'exécutait. Les journaux racontaient chacune de ces représentations émouvantes.

Le parachute dont on se sert aujourd'hui est le même appareil que Garnerin a construit et employé en 1797. C'est une sorte de vaste parasol, de 5 mètres de rayon, formé de trente-six fuseaux de taffetas, cousus ensemble, et réunis, au sommet, à une rondelle de bois. Quatre cordes, partant de cette rondelle, soutiennent la corbeille d'osier, dans laquelle se place l'aéronaute. Trente-six petites cordes, fixées aux bords du parasol, viennent s'attacher à la corbeille ; elles sont destinées à l'empêcher de se rebrousser par l'effort de l'air. La distance de la corbeille au sommet de l'appareil est d'environ 10 mètres.

Lors de l'ascension, l'appareil est fermé, mais seulement aux trois quarts environ : un cercle de bois léger, de 1^m,50 de rayon, concentrique au parachute, le maintient un peu ouvert, de manière à favoriser, au moment de la descente, l'ouverture et le développement de la machine, par l'effet de la résistance de l'air. Une ouverture circulaire est pratiquée au sommet de la concavité.

Nous représentons dans les figures des deux pages suivantes le parachute actuel. Le première figure représente le parachute au moment où l'aérostat s'élève. La seconde montre ce même parachute déployé, lorsque l'aéronaute ayant coupé la corde qui le suspendait au ballon, le parachute s'est ouvert, par le seul effet de la résistance de l'air.

Le parachute qui avait été inventé par Garnerin, pour offrir à l'aéronaute un moyen de sauvetage, n'a cependant jamais répondu à cette intention. On ne connaît pas un seul cas dans lequel cet appareil ait servi à terminer une ascension périlleuse. Il est, en effet, assez difficile de comprendre comment on pourrait, au milieu des airs, descendre de la nacelle du

Parachute fermé (ascension).

ballon, dans la petite corbeille d'osier placée sous le parachute, et qui se trouve suspendue à la nacelle par une simple corde. Il n'y a pas d'acrobate capable d'accomplir ce tour de force, c'est-à-dire de descendre de la nacelle du ballon à la corbeille du parachute, quand il se trouve en l'air, à 2,000 mètres de hauteur.

Parachute ouvert (descente).

Cet appareil n'a donc jamais servi qu'à donner au public le spectacle émouvant d'un homme se précipitant dans l'espace, d'une prodigieuse hauteur. C'est ainsi que Jacques Garnerin, Élisa Garnerin, madame Blanchard, et plus tard, c'est-à-dire, en 1850, Poitevin et Godard, leurs courageux émules, ont montré souvent, à Paris, le spectacle, toujours nouveau et toujours admiré, de leur descente au milieu des airs. Aucun événement fâcheux n'a signalé ces belles et courageuses expériences. Élisa Garnerin, nièce du célèbre aéronaute de ce nom, se faisait surtout remarquer par son ardeur à ce périlleux exercice. Tout Paris admirait son adresse et son courage.

Pour conduire jusqu'à nos jours cette histoire de l'art de voler dans les airs, nous dirons que les essais de vol aérien, qui s'étaient arrêtés à la fin de notre siècle, après des insuccès répétés, ont été repris de nos jours, mais qu'ils n'ont jamais amené que des déconvenues.

C'est ainsi qu'une expérience de vol aérien, tentée à Bruxelles, le 20 juin 1873, échoua complètement, et amena, dans une autre tentative, faite l'année suivante, la mort du malheureux expérimentateur.

Le nouvel Icare s'appelait Vincent Degroof. Il était Belge, Brugeois d'origine. Depuis plus de vingt ans, il travaillait à un système d'ailes applicables à l'homme. Son expérience avait été annoncée par affiches et dans les journaux, si bien qu'au jour et à l'heure dits, deux cent mille personnes couvraient la plaine des manœuvres.

Vincent Degroof voulait s'élever, au moyen d'un ballon, jusqu'à une hauteur de 3 à 400 mètres, et de là, se lancer dans le vide, muni de son appareil de vol. Cet appareil, en forme d'ailes d'oiseau, avec la queue de rigueur, était composé de baleines, d'osier, de cordes de soie, et muni de ressorts d'acier. Il avait été visité et étudié par un officier du génie militaire belge. Sa surface de résistance à l'air était de 16 mètres carrés.

L'expérience devait avoir lieu à trois heures. Malheureusement, il régnait un vent assez fort, et le ballon, gonflé dès le matin, tournoyait au bout de son câble. Les cordes de la nacelle finirent par accrocher la palissade, et l'appareil fut endommagé. Les réparations sur place prirent un assez longtemps. Enfin, après trois heures d'attente, le signal fut donné, et Vincent Degroof monta dans le ballon. Mais, soit imprévoyance, soit toute autre cause, le sacramental *lâchez tout!* était à peine prononcé, qu'une corde se rompit : l'homme et son appareil roulèrent ensemble sur le sable.

Vincent Degroof, qui prétendait voler à travers les airs, fit une chute..... de 3 mètres de haut! Il en fut quitte, grâce à la rapidité de sa fuite et à la protection de la police, pour avoir le nez écorché. Son ballon fut moins bien traité ; la populace le mit en pièces.

Degroof voulut prendre sa revanche en Angleterre. Le 29 juin 1874, il s'éleva à Cremorn-Garden, à Londres, dans un ballon qui était conduit par un aéronaute nommé Simmons. L'aérostat se dirigea jusqu'à la hauteur de Brandon, dans le comté d'Essex. Là, l'intrépide mécanicien fut livré à lui-même et lancé dans l'espace avec son appareil à voler. Il descendit lentement et toucha terre assez heureusement.

Mais une seconde expérience, tentée le 9 juillet, en présence de la foule, devait être fatale à l'inventeur. Degroof était accompagné de l'aéronaute Simmons. Le ballon s'éleva lentement ; pas un souffle d'air ne venait contrarier sa marche ; l'appareil était en bon état, et Degroof avait fait ses adieux à sa femme, plein de confiance, en lui disant: « Au revoir ! »

A un quart de mille de Cremorn-Garden, au-dessus de Roben Street, le ballon se rapprocha de terre. L'aéronaute Simmons crut le moment venu d'abandonner l'homme volant à ses propres ailes. On était près d'une église: « Je vais descendre dans le cimetière, » dit Degroof, en se livrant à son appareil.

Il ne disait que trop vrai !

A quatre-vingts pieds de terre, devant des milliers de spectateurs, au lieu de s'abattre doucement et ailes déployées, l'appareil tourna sur lui-même. Ses ailes ne prenant plus le vent, le malheureux Degroof vint se briser sur une tombe. Quand on le releva, il était sans connaissance, mais respirait encore. Transporté à l'hôpital, il mourut en y entrant.

La foule, ignorant ce qui venait de se passer, mit l'appareil en pièces, avant que la police eût le temps de l'en empêcher.

L'aéronaute Simmons, qui avait accompagné Vincent Degroof dans l'expérience qui fut mortelle pour lui, prétendit recommencer à Bruxelles la même tentative ; mais il n'aboutit qu'à un complet échec. Il avait annoncé dans les journaux, qu'il s'élèverait en l'air au moyen d'un immense cerf-volant, et qu'ensuite, la corde étant lâchée, il s'avancerait horizontalement, avec une vitesse de dix lieues à l'heure.

Voici en quoi consistait son appareil. Deux fortes perches en roseau, disposées en quadrilatère, sont, pour ainsi dire, l'âme de tout le système. Une forte toile est fixée aux extrémités des perches, de manière que le centre forme une concavité, afin que l'air s'y engouffre plus aisément. Le point d'attache du système est exactement le même que celui des cerfs-volants, et pour contre-poids, on a fixé, à une distance d'une vingtaine de mètres, une nacelle pouvant contenir l'aéronaute.

Comme on le voit, ce n'était là qu'un immense cerf-volant supportant une nacelle : ses dimensions étaient de 15 mètres sur toutes les faces.

Il s'agit de faire prendre le vent à toute cette surface de toile. Une fois à une dizaine de mètres du sol, l'aéronaute doit se placer dans la nacelle, et on doit l'élever jusqu'à une altitude de 200 ou 300 mètres. Lorsqu'il croit le moment propice, il ordonne aux hommes de lâcher le câble, et fait prendre à l'appareil une position horizontale, par le moyen d'un jeu de cordes. Le cerf-volant opère alors une descente relativement douce, car la concavité qui se forme au centre tient lieu de parachute.

Pour se diriger, l'aéronaute peut changer son centre de gravité à volonté. En carguant ou en larguant certaines cordes, il glisse dans l'air avec une grande vitesse. C'est ainsi qu'il peut (c'est l'inventeur qui parle) atteindre des points désignés d'avance.

Le dimanche 8 octobre 1876, sur une des places de Bruxelles, tout fut disposé suivant les ordres de Simmons. Dix soldats saisirent le câble et se mirent en devoir de faire prendre le vent à l'appareil, comme le font les enfants pour faire quitter le sol à leur cerf-volant. L'appareil s'éleva à une dizaine de mètres, puis il retomba assez lourdement sur le sol.

Une seconde et une troisième tentatives eurent lieu, sans plus de succès, au milieu des lazzis et des applaudissements ironiques du public. Chaque fois l'appareil se soulevait avec peine, pour retomber aussitôt.

Pendant ce temps, Simmons fumait tranquillement

une cigarette. Enfin il déclara qu'il n'y avait pas assez de vent, et qu'en conséquence, l'expérience ne pouvait être continuée. Puis, avec un calme tout britannique, il se mit à plier tranquillement son appareil, comme un homme qui vient d'accomplir une action importante, et l'on n'entendit plus parler de lui.

CHAPITRE XIII

Application des aérostats aux sciences. — Voyage scientifique de Robertson et Saccharoff. — Voyage de Biot et de Gay-Lussac.

Nous avons hâte d'arriver aux applications scientifiques des aérostats, c'est-à-dire à leur emploi pour l'étude de certaines questions de météorologie et de physique terrestre, auxquelles peut servir un ballon lancé à une grande hauteur.

L'application des aérostats aux observations de météorologie et de physique terrestre commença en 1803. C'est à cette époque que s'accomplit la première ascension aérostatique faite dans l'intérêt des sciences physiques. Le physicien Robertson en fut le héros.

Le beau voyage que Robertson exécuta à Hambourg, le 17 juillet 1804, avec son compatriote Lhoest, fit beaucoup de bruit en Europe. Les aéronautes demeurèrent cinq heures et demie dans l'air, et descendirent à vingt-cinq lieues de leur point de départ. Ils s'élevèrent jusqu'à la hauteur de 7,400 mètres, et se livrèrent à différentes opérations de physique. Entre autres faits, ils crurent reconnaître qu'à une hauteur considérable dans l'atmosphère, les phénomènes du magnétisme terrestre perdent sensiblement de leur intensité, et qu'à cette élévation l'aiguille aimantée oscille avec plus de lenteur qu'à la surface de la terre, phénomène qui indiquerait, s'il était vrai, un affaiblissement dans les propriétés magnétiques de notre globe à mesure que l'on s'élève dans les régions supérieures.

Robertson a écrit un exposé assez étendu de son ascension. Il est contenu dans un travail adressé à l'Académie de Saint-Pétersbourg et reproduit dans son ouvrage intitulé *Mémoires récréatifs, scientifiques et anecdotiques.*

Robertson donne le détail des expériences qu'il fit sur l'électricité et le magnétisme. A la hauteur qu'il occupait dans l'atmosphère, les phénomènes de l'électricité statique lui paraissaient sensiblement affaiblis : le verre, le soufre et la cire d'Espagne ne s'électrisaient que très faiblement par le frottement. La pile de Volta fonctionnait avec moins d'énergie qu'à la surface de la terre. En même temps, il crut reconnaître que les oscillations de l'aiguille aimantée diminuaient d'intensité, ce qui l'amena à admettre, ainsi qu'il est dit plus haut, l'affaiblissement du magnétisme terrestre à mesure que l'on s'élève dans les hautes régions de l'air.

Les résultats annoncés par Robertson et Saccharoff soulevèrent beaucoup d'objections parmi les savants de Paris. Dans une séance de l'Institut, Laplace proposa de faire vérifier, au moyen des aérostats, le fait annoncé par ces expérimentateurs, relativement à l'affaiblissement de la force magnétique de notre globe. Bertholet et plusieurs autres académiciens appuyèrent la demande de Laplace.

Cette proposition ne pouvait être faite dans des circonstances plus favorables, puisque Chaptal était alors ministre de l'intérieur. Aussi la décision fut-elle prise à l'instant même, et l'on désigna, pour exécuter l'ascension, Biot et Gay-Lussac, qui étaient des plus jeunes et les plus ardents professeurs de l'époque. Conté, l'ancien directeur de l'*École aérostatique de Meudon*, se chargea de construire et d'appareiller l'aérostat.

Gay-Lussac et Biot partirent du Conservatoire des arts et métiers, le 20 août 1804, pour accomplir une ascension scientifique restée depuis fort célèbre.

Le but principal que se proposaient Biot et Gay-Lussac, c'était de rechercher si la propriété magnétique éprouve quelque diminution appréciable quand on s'éloigne de la terre. L'examen attentif auquel les deux savants soumirent, pendant presque toute la durée du voyage, les mouvements de l'aiguille aimantée, les amena à conclure que la propriété magnétique ne perd rien de son intensité, quand on s'élève dans les régions supérieures. A 4,000 mètres de hauteur, les oscillations de l'aiguille aimantée coïncidaient en nombre et en amplitude avec les oscillations reconnues à la surface de la terre. Ils expliquèrent l'erreur dans laquelle Robertson était tombé, par la difficulté que présente l'observation de l'aiguille magnétique au milieu des oscillations continuelles de l'aérostat. Ils constatèrent aussi, contrairement aux assertions de Robertson, que la pile de Volta et les appareils d'électricité statique fonctionnent aussi bien à une grande hauteur dans l'atmosphère, qu'à la surface du sol.

L'électricité qu'ils recueillirent était négative, et sa quantité s'accroissait avec la hauteur.

L'observation de l'hygromètre leur fit connaître que la sécheresse croissait également avec l'élévation.

Enfin Biot et Gay-Lussac firent différentes observations thermométriques, mais elles ne furent point suffisantes pour amener à quelque conclusion rigoureuse relativement à la loi de décroissance de la température dans les régions élevées.

Gay-Lussac.

Le voyage aérostatique exécuté par Biot et Gay Lussac avait laissé beaucoup de points à éclaircir; il fallait confirmer les premières observations, et les vérifier en s'élevant à une plus grande hauteur. Pour atteindre ce dernier but, avec l'aérostat qui avait servi aux premières expériences, un seul observateur devait s'élever. Il fut décidé que Gay-Lussac exécuterait cette nouvelle ascension.

Dans ce second voyage, Gay-Lussac confirma et étendit les résultats qu'il avait obtenus avec Biot, relativement à la permanence de l'action magnétique du globe. Il prit un assez grand nombre d'observations thermométriques, et essaya de déterminer, à leur aide, la loi de décroissance de température dans les hautes régions de l'air. L'observation de l'hygromètre n'amena à aucune conclusion satisfaisante.

Parvenu à la hauteur de 6,500 mètres, Gay-Lussac recueillit de l'air dans ces régions extrêmes, qu'aucun homme n'avait encore atteintes avant lui. Il s'était muni d'un grand ballon de verre, fermé par un robinet de cuivre fixé sur une garniture du même métal, et dans lequel il avait fait le vide. En l'ouvrant à la hauteur maximum où il était parvenu, il remplit ce vase de l'air de ces régions.

L'analyse chimique de cet air, faite le lendemain, prouva qu'il avait la même composition que l'air pris à la surface de la terre.

C'était là un résultat d'une importance fondamentale à cette époque. En effet, bien des personnes admettaient alors la présence du gaz hydrogène dans les hautes régions de l'air. Les observations de Biot et Gay-Lussac dissipèrent cette erreur. On savait par les expériences de Bertholet et d'Humphry Davy, que l'air, sous toutes les latitudes, et pris à une faible hauteur au-dessus de la mer, présente partout la même composition. De Saussure, dans sa célèbre

Gay-Lussac et Biot font des expériences de physique à 4,000 mètres de hauteur.

ascension du mont Blanc, avait rapporté de l'air qu'il avait analysé, et qui s'était montré parfaitement identique, dans sa composition, avec l'air de la plaine. Mais le mont Blanc n'a que 4,810 mètres. Il importait donc d'analyser de l'air recueilli dans une région plus élevée encore. Un aérostat donnait seul le moyen de pénétrer dans ces régions extrêmes. Tel fut précisément le résultat scientifique auquel conduisit l'ascension aérostatique de Gay-Lussac. L'air, recueilli par Gay-Lussac à 6,500 mètres de hauteur, fut analysé par lui avec le plus grand soin, dans son laboratoire de l'École polytechnique, par le procédé *eudiométrique* dont on lui doit l'invention, et cet air présenta, comme il a été dit plus haut, une composition parfaitement la même que celle de l'air pris à la surface du sol, à Paris. Ce résultat fut donc désormais acquis à la physique du globe.

Après le voyage de Biot et Gay-Lussac, il faut franchir un intervalle de près de cinquante ans pour trouver des ascensions exécutées dans un intérêt purement scientifique. Nous aurons à signaler, à cette date, les belles ascensions faites en vue de l'étude de la constitution physique de l'air en France, par MM. Barral et Bixio, en 1850; et en Angleterre, par M. Welsh en 1852 et par M. Glaisher en 1864. Nous aurons enfin à citer les expéditions aériennes de MM. Crocé-Spinelli, Sivel et Gaston Tissandier, si fatalement terminées, en 1875, par la mort de deux de ces aéronautes.

CHAPITRE XIV

Ascension de MM. Barral et Bixio, en 1850. — Ascension de M. Welsh en Angleterre, en 1852. — Expérience de M. Glaisher sur la décroissance de la température de l'air, sur les variations de l'humidité atmosphérique, et sur le spectroscope, faites dans l'aérostat de Coxwell en 1863 et 1864. — Mort de Crocé-Spinelli et Sivel.

L'ascension de Biot et Gay-Lussac a servi de modèle à un certain nombre d'expériences du même genre entreprises au milieu de notre siècle, et qui avaient pour but d'étudier la constitution physique de l'atmosphère.

Barral et Bixio, l'un, ancien élève de l'École polytechnique, l'autre, médecin, homme politique et directeur d'une librairie agricole, conçurent le projet de s'élever en ballon à une grande hauteur, pour étudier, avec les instruments perfectionnés que nous possédons, plusieurs phénomènes météorologiques encore imparfaitement observés. Les appareils et les instruments nécessaires à cette expédition aérienne avaient été construits par Victor Regnault; Dupuis-Delcourt avait fourni le ballon qui devait emporter les expérimentateurs dans les hautes régions de l'air.

L'ascension eut lieu devant la cour de l'Observatoire, le 29 juin 1850, à dix heures et demie du matin. Le ballon était rempli d'hydrogène pur, préparé au moyen de la réaction de l'acide chlorhydrique sur le fer. Tous les instruments, baromètres, thermomètres, hygromètres, ballons destinés à recueillir de l'air, etc., étaient suspendus à un cercle au-dessus de la nacelle où se placèrent les voyageurs.

Portés par le ballon à une grande hauteur, Barral et Bixio avaient déjà fait diverses observations météorologiques et physiques; ils se disposaient à observer le thermomètre, et comme l'instrument s'était chargé d'une légère couche de glace, l'un d'eux s'occupait à l'essuyer, pour reconnaître la hauteur de la colonne, lorsqu'il s'avisa par hasard de lever la tête... Il demeura stupéfait au spectacle qui s'offrit à lui. Le ballon, gonflé outre mesure, était descendu jusque sur la nacelle, et couvrait nos deux physiciens, comme d'un immense manteau.

Que s'était-il donc passé? La soupape n'ayant pas été ouverte, pour donner issue à l'excès du gaz dilaté par la chaleur solaire, le ballon s'était peu à peu enflé et distendu de toutes parts. Comme le filet était trop petit, comme les cordes qui supportaient la nacelle étaient trop courtes, le ballon, en se distendant, avait commencé par peser sur le cercle qui portait la nacelle; puis, son volume augmentant toujours, il avait fini par pénétrer dans ce cercle. En ce moment, il faisait hernie à travers sa circonférence, et couvrait les expérimentateurs comme d'un vaste chapeau. En quelques minutes, tout mouvement leur devint impossible. Ils essayèrent de donner issue à l'excédent du gaz en faisant jouer la soupape; mais il était trop tard, la soupape était condamnée; sa corde, pressée entre le cercle de suspension et la tumeur proéminente de l'aérostat, ne transmettait plus l'action de la main.

Barral prit alors le parti auquel le duc de Chartres avait eu recours en pareille occasion, et qui lui avait valu tant de méchantes épigrammes : il plongea

Ascension de Barral et de Bixio. — Départ de l'Observatoire.

son couteau dans les flancs de l'aérostat. Le gaz s'échappant aussitôt vint inonder la nacelle et l'envelopper d'une atmosphère irrespirable. Les aéronautes en furent l'un et l'autre à demi asphyxiés, et se trouvèrent pris de vomissements abondants. En même temps, le ballon commença à descendre à toute vitesse. En revenant à eux, ils aperçurent dans l'enveloppe du ballon une déchirure de plus d'un mètre et demi, provenant du coup de couteau, et par laquelle le gaz, s'échappant à grands flots, provoquait leur chute précipitée. La rapidité de cette descente leur sauva la vie, car elle les débarrassa du gaz irrespirable qui se dégageait au-dessus de leurs têtes.

Dans cette situation, Barral et Bixio ne durent plus songer qu'à préserver leur existence. Il fallait pour cela amortir, en arrivant à terre, l'accélération de la chute. Barral montra, dans cette manœuvre, toute l'habileté et tout le sang-froid d'un aéronaute consommé. Il rassemble son lest et tous les objets autres que les instruments qui chargent la nacelle, il mesure du regard la distance qui les sépare de la terre, et qui diminue avec une rapidité effrayante; dès qu'il se croit assez rapproché du sol, il jette la cargaison par-dessus le bord : neuf sacs de sable, les couvertures de laine, les bottes fourrées, tout, excepté les précieux instruments qu'il tient à honneur de rapporter intacts. La manœuvre réussit aussi bien que possible; le ballon tomba sans trop de violence, au milieu d'une vigne du territoire de Lagny, dans le département de Seine et-Marne.

Bixio sortit sain et sauf; Barral en fut quitte pour une égratignure et une contusion au visage. Cette périlleuse expédition n'avait duré que quarante-sept minutes, et la descente s'était effectuée en sept minutes.

Un voyage exécuté dans des conditions pareilles ne pouvait rapporter à la science un bien riche contingent. Cependant les deux physiciens reconnurent que la lumière des nuages n'est pas polarisée, ainsi que l'avait présumé Arago. Ils constatèrent que la décroissance de température s'était montrée à peu près semblable à celle que Gay-Lussac avait notée dans son ascension. Enfin, on put déduire de leurs mesures barométriques, comparées à celles faites à l'Observatoire, au même moment, que, dans la région où le ballon se déchira, les voyageurs étaient déjà parvenus à la hauteur de 5,200 mètres.

Le mauvais résultat de cette première tentative ne découragea pas les deux intrépides explorateurs. Un mois après, le 27 juillet 1850, ils exécutèrent une seconde ascension.

Les aéronautes partirent de l'Observatoire, en présence d'Arago. On voyait, disposés dans leur nacelle, un nombre très varié d'instruments, tels que thermomètres, ballons vides pour recueillir l'air, *polarimètres*, etc.

Entre 2,000 et 2,500 mètres, les aéronautes entrèrent dans un nuage d'au moins 5 kilomètres d'épaisseur; car, à 7,000 mètres, ils n'en étaient pas encore sortis. Il se forma, à cette hauteur, une éclaircie, qui laissait voir le bleu du ciel. La lumière, à cette hauteur, était fortement polarisée, tandis que la lumière transmise par les nuages ne l'était point. Le soleil se montrait alors faiblement à travers la brume congelée, et en même temps une seconde image apparut au-dessous de la nacelle, symétrique par rapport à l'image directe. C'était évidemment une image réfléchie.

Arrivés à 3,750 mètres, nos aéronautes lâchent du lest pour s'élever davantage. Les thermomètres marquaient déjà 0°. Mais, par suite de l'expansion du gaz à cette hauteur, le ballon se déchire. Cet accident ne les arrête pas : ils jettent encore de leur lest.

A 6,000 mètres, on rencontre de petits glaçons, en forme d'aiguilles extrêmement fines, qui couvraient tous les objets. La présence de ces aiguilles de glace, à une telle hauteur, et en plein été, prouva la vérité de l'hypothèse qui sert à expliquer les *halos*, *parhélies*, etc.

A la hauteur de 7,004 mètres le thermomètre s'abaissa, sous leurs yeux, à la température de — 39°, point voisin de la congélation du mercure.

On s'attendait si peu à cet abaissement de température que les instruments étaient impuissants à l'accuser, leur graduation n'étant pas prolongée assez bas, de sorte que presque toutes les colonnes étaient rentrées dans les cuvettes. Deux degrés de moins encore et le mercure des thermomètres et du baromètre se congelait.

Ce froid extraordinaire, congelant l'humidité du nuage, en formait une multitude de petites aiguilles de glace aux arêtes vives et aux facettes polies. Ces aiguilles se montraient en telle abondance qu'elles tombaient comme un sable fin, et se déposaient sur le carnet des observateurs.

Par ce froid de — 39°, Barral et Bixio n'étaient pas fort à l'aise, assis dans une nacelle où ils ne s'étaient pas prémunis contre un abaissement si considérable de température. Leurs doigts engourdis finirent par les fort mal servir, à tel point qu'un des thermomètres à rayonnement se brisa entre leurs mains. Au même moment ils perdirent, en voulant l'ouvrir, un des ballons vides qu'ils avaient emportés, dans l'intention d'y recueillir de l'air.

Cependant la déchirure de leur ballon devait les forcer à descendre assez promptement. Il fallut, bon gré, mal gré, regagner la terre. La chute fut même assez violente.

Arago assura, devant l'Académie des sciences, que la constatation de la présence d'un nuage composé de petits glaçons, ayant une température d'environ — 39°, en plein été, à une hauteur de 6,000 mètres au-dessus du sol de l'Europe, était la plus grande découverte que la météorologie eût encore enregistrée. Elle expliquait, selon lui, comment de petits glaçons peuvent devenir le noyau de grêlons d'un volume considérable, car on comprend, disait-il, comment ils peuvent condenser autour d'eux et amener à l'état solide les vapeurs aqueuses contenues dans les couches atmosphériques dans lesquelles ils voyagent. Arago ajoute que la même observation fait connaître la vérité de l'hypothèse de Mariotte, qui attribuait à des cristaux de glace suspendus dans l'air les *halos*, les *parhélies* et les *parasélènes*.

En 1852, M. Welsh, accompagné de Green, exécuta, à Londres, quatre ascensions, dans un but scientifique. Les hauteurs auxquelles il parvint sont de 5,930, 6,096, 3,850 et 6,990 mètres. La plus basse température observée par M. Welsh fut de — 24°.

Comme résultat général de ses observations, M. Welsh a trouvé que la température de l'air décroît uniformément jusqu'à une certaine hauteur, laquelle varie d'un jour à l'autre; cette hauteur se maintient constante sur un espace de 600 à 900 mètres, après quoi la diminution reprend assez régulièrement. D'après les expériences de M. Welsh, la température atmosphérique décroîtrait, en général, d'environ 1 degré centigrade pour 165 mètres d'élévation, sans toutefois que cette règle soit constante.

En 1861, l'*Association britannique pour l'avancement des sciences* assigna des fonds considérables pour exécuter une série d'ascensions aérostatiques dans un but scientifique. M. Glaisher, chef du *Bureau météorologique* de Greenwich, se chargea d'effectuer lui-même ces hardis voyages d'exploration. Coxwell, aéronaute expérimenté, accompagna toujours M. Glaisher.

C'est au mois de juin 1861 que commencèrent leurs ascensions scientifiques.

La plus grande hauteur à laquelle les aéronautes anglais soient parvenus est de 10,000 mètres. Dans l'ascension mémorable du 5 septembre 1862, le thermomètre descendit à 21 degrés au-dessous de zéro, vers 8 kilomètres d'élévation. A cette prodigieuse hauteur, le froid était si intense, que Coxwell perdit l'usage de ses mains. Pour redescendre, en donnant issue au gaz, il ne put ouvrir la soupape, qu'en tirant la corde avec ses dents. Depuis la hauteur de 8,850 mètres, M. Glaisher était déjà sans connaissance, et bien peu s'en fallut que les deux voyageurs ne restassent morts, gelés dans l'atmosphère.

Le 31 mars 1863, M. Glaisher partait du palais de Sydenham, à 4 heures du soir.

Le but de cette ascension était l'étude des raies noires de Frauenhofer dans le spectre solaire et dans le spectre provenant de la lumière diffuse de l'atmosphère.

Glaisher et Coxwell procédant à des observations météorologiques.

Les observations faites par M. Glaisher dans cette ascension ne décidaient pas la question de savoir si la hauteur à laquelle on s'élève influe beaucoup sur la forme du spectre solaire. Une nouvelle ascension dans l'air était indispensable : elle eut lieu le 18 avril 1863. M. Glaisher emporta les mêmes appareils et répéta les expériences qu'il avait faites dans l'ascension précédente.

Dans une ascension opérée au mois de juillet suivant, M. Glaisher entra dans un nuage, à 600 mètres d'élévation. Il entendit, à 3 kilomètres, une sorte de gémissement, qui venait des régions inférieures et semblait annoncer un orage. A 3 kilomètres et demi, il rencontra une petite pluie. Il entra ensuite de nouveau dans les nuages. La température oscillait autour du point zéro; à 5,200 mètres, elle était montée à + 2 degrés; vers 5,600 mètres, elle était tombée à — 5 degrés. Vers 6,800 mètres, elle atteignit son minimum : — 8 degrés.

Les observations faites par M. Glaisher dans une série d'ascensions que nous ne pouvons signaler en détail ont fourni, sur plusieurs points de la physique du globe, des éclaircissements utiles. La décroissance de la température, celle de l'humidité et de l'électricité, selon la hauteur, sont les faits météorologiques sur lesquels M. Glaisher a réuni le plus de renseignements nouveaux, sans qu'il soit permis néanmoins de regarder comme définitifs les rapports qu'il a notés entre l'abaissement de température et la diminution de l'humidité, selon la hauteur.

En 1874, Crocé-Spinelli et Sivel firent une très belle ascension aérostatique, pour étudier diverses questions relatives à la physique et à l'atmosphère.

Personne n'ignore que ces deux aéronautes, accompagnés de M. Gaston Tissandier, ayant voulu, dans une seconde ascension, faite le 15 avril 1875, dans le ballon *le Zénith*, s'élever aux plus hautes régions auxquelles l'homme puisse parvenir, furent victimes de leur zèle pour la science et de leur témérité. Crocé-Spinelli et Sivel perdirent la vie : leur compagnon, M. Gaston Tissandier, n'échappa que par miracle à la mort.

La mission scientifique aérienne donnée à MM. Crocé-Spinelli, Sivel et Tissandier, et dont les frais étaient supportés en partie par une souscription recueillie par la Société de navigation aérienne, et pour la plus grande partie par l'Académie des sciences elle-même, était de compléter les données recueillies dans l'ascension faite, le 23 mars 1874, par MM. Crocé-Spinelli et Sivel, et dans laquelle on avait accompli un voyage de vingt-trois heures au-dessus de toute la France. On avait fait, dans cette belle ascension, d'importantes déterminations météorologiques ; il s'agissait de les compléter à la plus grande hauteur à laquelle on pût parvenir. Il fallait constater s'il existe à ces hauteurs excessives de la vapeur d'eau, et quelle est la proportion du gaz acide carbonique. On emportait les mêmes appareils scientifiques qui avaient servi le 23 mars 1874, et l'on partait dans le même ballon. M. Gaston Tissandier devait doser le gaz acide carbonique au moyen d'un appareil dit *aspirateur*, et qui se compose d'un tube à potasse dans lequel on fait passer un volume connu d'air, pour retenir l'acide carbonique. Crocé-Spinelli devait rechercher la vapeur d'eau par des observations spectroscopiques. Sivel, aéronaute de profession, dirigeait l'esquif aérien.

Tout le monde connait le déplorable résultat de ce

voyage. Deux heures seulement après le départ, Spinelli et Sivel étaient foudroyés par l'apoplexie pulmonaire, et M. Gaston Tissandier gisait, à demi mort, près des deux cadavres. Il dut son salut, d'après ce qu'il assure, à ce qu'il tomba en syncope, et que sa respiration fut ainsi suspendue pendant qu'il flottait dans des espaces à peu près vides d'air.

Les résultats de cette ascension, au point de vue scientifique, sont à peu près nuls. Peut-on espérer des résultats plus intéressants de nouvelles ascensions à grande hauteur ? Nous ne le croyons pas. On voudrait, dit-on, connaître la proportion de gaz acide carbonique qui existe dans l'air à 8,000 ou 9,000 mètres. Quelle est l'utilité de cette détermination ? Reconnaître la proportion de gaz acide carbonique à 5,000 ou 6,000 mètres peut avoir un intérêt scientifique; mais pourquoi aller répéter l'expérience 2,000 mètres plus haut ? Même réflexion pour la vapeur d'eau.

Il serait donc à désirer que l'on renonçât à des expériences reconnues maintenant aussi téméraires qu'inutiles. On ne voit pas bien quelles données scientifiques on peut aller recueillir aux altitudes extrêmes de notre atmosphère, et l'on ne sait que trop que l'on peut y trouver la mort.

CHAPITRE XV

Applications futures des aérostats aux recherches scientifiques.

Nous venons de passer en revue les emplois principaux qui ont été faits des aérostats depuis leur invention jusqu'à nos jours. On a vu que c'est surtout dans leur application aux sciences que l'on peut attendre les plus importants résultats de leur concours.

En l'état présent des choses, tout l'avenir, toute l'importance des aérostats résident dans leur application aux recherches scientifiques; c'est principalement par son emploi comme moyen d'étude des grandes lois physiques et météorologiques de notre globe, que l'art des Montgolfier peut tenir une place importante parmi les inventions modernes.

Il serait impossible de fixer le programme exact de toutes les questions qui pourraient être abordées avec profit, pendant le cours des ascensions aérostatiques, appliquées aux intérêts des sciences. Voici, néanmoins, la série des faits physiques qui pourraient retirer de ce moyen d'exploration des éclaircissements utiles.

On a fait, mais sans arriver à des résultats positifs, différents essais pour appliquer les aérostats à la levée des plans. Sous le premier Empire, un ingénieur, nommé Lomet, dressa un plan de Paris, au moyen d'observations faites du haut d'un ballon, en différents points de la ville. De nos jours, M. Nadar a préludé, mais sans les pousser bien loin, à des essais du même genre.

La véritable loi de la décroissance de la température dans les régions élevées de l'air est encore mal fixée. Théodore de Saussure a essayé de l'établir, à l'aide d'observations comparatives prises sur la terre et sur des montagnes élevées, telles que le Righi et le col du Géant. Des expériences du même genre, faites dans les Alpes, par d'autres physiciens, ont encore servi d'éléments à ces recherches. Mais toutes les observations recueillies de cette manière n'ont amené aucune conséquence générale susceptible d'être exprimée par une formule. D'après les expériences de Saussure, la température de l'air s'abaisserait de 1 degré à mesure que l'on s'élève de 140 à 150 mètres dans l'atmosphère; d'un autre côté, les observations prises dans les Pyrénées ont donné 1 degré d'abaissement par 125 mètres d'élévation; enfin, dans son ascension aérostatique, Gay-Lussac a trouvé le chiffre de 1 degré pour 174 mètres d'élévation. Sans parler du résultat extraordinaire, obtenu par Barral et Bixio, qui ont observé un abaissement de température de 39 degrés au-dessous de la glace, à une élévation de 6,000 mètres, on voit quelles différences et quel désaccord tous ces résultats présentent entre eux. Nous avons rapporté les résultats auxquels a été conduit M. Glaisher, dans les recherches de la même loi. Ils sont loin de s'accorder entre eux, et surtout avec ceux de ses prédécesseurs. Seulement, le physicien anglais nous a appris à tenir compte, pour fixer cette loi de décroissance, d'un certain nombre de circonstances physiques dont on ne s'était pas encore préoccupé ; et, sous ce rapport, la science, on peut le dire, a fait un pas important. Il est de toute évidence que la loi de décroissance de la température, dans les régions élevées, finira par être fixée avec certitude, par un nombre suffisant d'observations thermométriques prises au moyen d'un aérostat, à différentes hauteurs dans l'air, comme l'ont fait MM. Glaisher et Coxwell. En multipliant les observations de ce genre, sous diverses latitudes, à différentes saisons de l'année, aux différentes heures de la nuit et du jour, on arrivera, sans aucun doute, à saisir la loi générale de ce fait météorologique.

On peut en dire autant de ce qui concerne la loi de la décroissance de la densité de l'atmosphère. La détermination exacte du rapport dans lequel l'air diminue de densité à mesure que l'on s'élève dépend de deux éléments : la décroissance de la température et la diminution de la pression barométrique. Les observations aérostatiques peuvent seules permettre d'établir ces éléments sur des bases expérimentales dignes de confiance. Les physiciens n'accordent, à bon droit, que très peu de crédit à la loi donnée par Biot, relativement à la diminution de la densité de l'air, car cette loi n'a été calculée que sur quatre ou cinq observations prises dans les ascensions aérostatiques de Humboldt et Gay-Lussac. C'est en multipliant les observations de ce genre, et en se plaçant dans des conditions différentes de latitude, d'heure, de saison, etc., qu'on pourra la fixer d'une manière positive.

Ajoutons que ce résultat aurait d'autant plus d'importance, qu'il fournirait une donnée certaine pour mesurer la véritable hauteur de notre atmosphère. En effet, étant connue la loi suivant laquelle diminue la densité de l'air, dans les régions élevées, on déterminerait à quelle hauteur cette densité peut être considérée comme insensible, ce qui établirait sur une base expérimentale solide le fait, assez vaguement établi jusqu'ici, de la hauteur et des limites physiques de notre atmosphère.

Cette même loi intéresse d'ailleurs directement l'astronomie. On sera toujours exposé à commettre des erreurs sensibles sur la position réelle des étoiles, tant que l'on ne pourra tenir un compte exact de la déviation que subit la lumière de ces astres, en traversant l'atmosphère. Or, cette déviation dépend de la densité et de la température des couches d'air traversées. Ainsi, l'astronomie elle-même réclame la fixation de la loi de la décroissance de la densité de l'air selon la hauteur.

On établirait encore aisément, grâce aux aérostats, la loi des variations de l'humidité selon les hauteurs atmosphériques. M. Glaisher est arrivé, sous ce rapport, à des résultats qui ne peuvent être considérés comme définitifs. Les hygromètres que nous possédons aujourd'hui sont d'une précision si grande que les observations de ce genre, exécutées au haut des airs, dans des conditions convenablemeut choisies, donneraient sans aucun doute un résultat satisfaisant, et auraient pour effet d'enrichir la physique d'une loi dont tous les éléments lui font encore défaut.

On admet généralement que la composition chimique de l'air est la même dans toutes les régions et à toutes les hauteurs. Gay-Lussac a constaté ce fait dans son ascension aérostatique : mais les procédés d'analyse de l'air ont subi, depuis l'époque des expériences de Gay-Lussac, des perfectionnements de tout genre, et il est reconnu que l'analyse de l'air par l'eudiomètre, telle que ce physicien l'a exécutée, laisse une part sensible aux erreurs d'expérience. Il serait donc de toute nécessité d'analyser l'air des régions supérieures, en se servant des procédés créés par M. Dumas. Cette expérience, si naturelle, si facile, et pour ainsi dire commandée, n'a jamais été exécutée, du moins à notre connaissance. C'est donc à tort, selon nous, que l'on admet l'identité de la composition de l'air à toutes les hauteurs. On a soumis, il est vrai, à l'analyse par les procédés de M. Dumas, l'air recueilli au sommet du Faulhorn et du mont Blanc, et l'on a reconnu son identité chimique avec l'air qui se trouve à la surface de la terre; mais il n'est pas douteux que la hauteur des montagnes, même les plus élevées du globe, ne soit un terme très insuffisant pour la recherche du grand fait dont nous parlons.

M. Glaisher.

Plusieurs physiciens ont admis la variation, suivant les hauteurs, de la quantité de gaz acide carbonique qui fait partie de l'air. Une des expériences les plus faciles à exécuter dans la série prochaine des recherches aérostatiques consistera à éclaircir ce point de l'histoire de notre globe. L'appareil que Barral et Bixio avaient emporté dans ce but ne revint pas intact de leur expédition, et l'analyse chimique de l'air, pour déterminer les proportions d'acide carbonique, ne put être exécutée.

On pourrait encore, à l'aide d'un ballon aérostatique, vérifier la loi de la vitesse du son, et reconnaître si la formule, due à Laplace, est vraie pour les couches verticales de l'air comme pour les couches horizontales; ou, si l'on veut, chercher si le son se propage avec la même rapidité dans les couches horizontales de l'air et dans le sens vertical. Il est probable que le résultat serait différent; et la loi que l'on fixerait ainsi jetterait un jour nouveau sur les faits relatifs à la densité de l'atmosphère, et sur quelques points secondaires qui se rattachent à ces questions.

Les phénomènes du magnétisme terrestre recevraient aussi des éclaircissements utiles d'expériences exécutées à une grande hauteur dans l'air. Le fait même de la permanence de l'intensité de la force magnétique du globe à toutes les hauteurs dans l'atmosphère, admis par Biot et Gay-Lussac comme conséquence de leurs observations aérostatiques, aurait peut-être besoin d'être examiné de nouveau. La difficulté que présente l'observation de l'aiguille aimantée, dans un ballon agité par les vents, et qui éprouve souvent une rotation sur lui-même, rend ces observations susceptibles d'erreur. Il ne serait donc pas hors de propos de reprendre, dans des conditions convenables, l'examen de ce fait.

Enfin, l'un des plus utiles problèmes que nos savants pourront se proposer dans le cours de ces ascensions sera de rechercher s'il n'existerait pas, à certaines hauteurs dans l'atmosphère, des *courants constants*. On sait que sur certains points du globe il règne, pendant toute l'année, des courants invariables, qui portent le nom de *vents alizés*. En prolongeant dans l'atmosphère les expériences aérostatiques, en se familiarisant avec ce séjour nouveau, en étudiant ce domaine encore si peu connu, peut-être arriverait-on à trouver, à certaines hauteurs, quelques courants dont la direction soit invariable pendant toute l'année, ou qui se maintiennent périodiquement à des époques déterminées. Franklin pensait qu'il existe habituellement, dans l'atmosphère inférieure, une sorte de courant froid, se rendant des pôles à l'équateur, et, par contre, un courant supérieur soufflant en sens inverse et se rendant de l'équateur aux deux extrémités de la terre. La découverte de ces *vents alizés* ou de ces *moussons* des régions supérieures serait un fait immense pour la création de la navigation aérienne; car, l'existence de ces courants constants une fois constatée, et leur direction bien reconnue, il suffirait de placer et de maintenir un aérostat dans la zone de ces courants, pour le voir emporter vers le lieu fixé d'avance. Pour peu que ces *moussons* fussent multipliées dans l'atmosphère, le problème de la navigation aérienne se trouverait singulièrement simplifié : il se réduirait à aller chercher, au moyen d'appareils de direction plus ou moins puissants, ces courants d'air constants qui emporteraient l'aérostat dans une direction connue par avance.

L'aérostation peut donc hâter, sur plus d'un point,

le progrès des sciences physiques. C'est aux savants qu'il appartient de comprendre l'importance de l'art des Pilâtre et des Montgolfier, et de rendre ainsi à l'aérostation la place qu'elle doit occuper parmi les plus utiles auxiliaires de l'observation scientifique.

Mais il est une question capitale sous ce rapport et que nous n'avons pas encore abordée. Il s'agit de la direction des ballons, de la possibilité de faire progresser au sein des airs les esquifs aériens. C'est le sujet que nous allons traiter dans les chapitres suivants.

CHAPITRE XVI

Les aérostats sont-ils dirigeables? — Expériences et faits. — Opinion de Monge et de Meunier. — Expériences pour la direction des aérostats faites par Calais, Pauly, Jacob Deghen, le baron Scott, Edmond Genet, Dupuis-Delcourt et Regnier. — Le navire *l'Aigle* de M. de Lennox. — L'aérostat de Petin.

L'aérostation compte aujourd'hui un siècle d'existence. On est attristé quand on considère le peu de résultats qu'a produits, dans un aussi long intervalle, l'invention qui fut accueillie, à son aurore, par un enthousiasme universel, et qui réunissait le vulgaire et les savants dans les hommages de l'Europe entière. Dans cette période si admirablement remplie par le développement universel des sciences, lorsque tant de découvertes, modestes à leur origine, ont reçu des développements si rapides, et sont devenues le point de départ de tant d'applications fécondes, l'art de la navigation aérienne si riche de promesses à son début, est resté entièrement stationnaire. Cet enfant dont parlait Franklin est devenu centenaire sans avoir fait un pas.

C'est que toutes les applications qui peuvent être faites des aérostats sont dominées par une difficulté qui les tient sous la plus étroite dépendance. Peut-on diriger à volonté les ballons lancés dans les airs, et créer ainsi une navigation atmosphérique, capable de lutter avec la locomotion terrestre et la navigation maritime? Telle est la question qui domine évidemment toute la série des applications des aérostats, tel est aussi le point de théorie que nous devons examiner.

La possibilité de diriger à volonté les ballons lancés dans l'espace est une question qui, dès le commencement de notre siècle, a occupé un grand nombre de savants. Meunier, Monge, Lalande, Guyton de Morveau, Bertholon et beaucoup d'autres physiciens, n'hésitaient pas à regarder le problème comme pouvant se résoudre assez facilement. Les beaux travaux mathématiques que Meunier nous a laissés sur les conditions d'équilibre des aérostats et les moyens de les diriger montrent à quel point ces idées l'avaient séduit. On peut en dire autant de Monge, qui a traité avec soin les diverses questions qui se rattachent à l'aérostation. Cependant on pourrait citer une très longue liste de géomètres qui ont combattu les opinions de Monge et de Meunier. D'un autre côté, une foule d'ingénieurs et d'aéronautes ont essayé diverses combinaisons mécaniques, propres à diriger les aérostats. Mais toutes ces tentatives ont eu peu de succès, et la pratique n'a pas tardé à renverser les espérances que les inventeurs avaient conçues.

C'est que la direction des aérostats, sans être une

question insoluble. s'environne d'un grand nombre de difficultés. Ces difficultés, nous allons d'abord les faire comprendre; nous verrons ensuite s'il y a quelque espoir de les résoudre.

L'agitation de l'atmosphère est une règle qui souffre peu d'exceptions. Lorsque le temps nous semble le plus calme à la surface de la terre, les régions élevées de l'air sont souvent parcourues par des courants très forts. Or, la résistance considérable que l'air, même le plus tranquille, opposerait à la progression d'un aérostat, ne pourrait être surmontée par la force de l'homme, réduit à ses bras ou à un mécanisme destiné à transmettre cette force. C'est ce qu'il est facile d'établir.

Le seul point d'appui offert au mécanicien, c'est l'air atmosphérique; c'est sur l'air qu'il doit agir, et l'air si raréfié des régions supérieures. En raison de la ténuité de ce fluide et de son extrême raréfaction, il faudrait le frapper avec une vitesse excessive, pour produire, avec les forces de l'homme, appliquées à un mécanisme quelconque, un effet sensible de réaction. Pour obtenir cette vitesse excessive, il faudrait employer divers appareils plus ou moins compliqués, appliqués à un mécanisme tournant dans l'air. Mais les rouages, les engrenages et les agents moteurs qu'il faudrait embarquer pour produire un résultat, sont d'un poids trop considérable pour être utilement adaptés à un ballon, dont la légèreté est la première et la plus indispensable des conditions.

Si, pour obvier à cet inconvénient capital, on veut augmenter, dans les proportions nécessaires, le volume du ballon, on tombe dans un autre défaut, tout aussi grave. L'aérostat présente alors en surface un développement immense. Or, en augmentant les dimensions du ballon, on offre nécessairement à l'action de l'air une prise plus considérable; c'est comme la voile d'un navire sur laquelle le vent agit avec d'autant plus d'énergie que sa surface est plus grande. Ainsi, en augmentant la force, on augmenterait en même temps la résistance, et comme ces deux éléments croîtraient dans le même rapport, les conditions premières resteraient les mêmes.

Il est donc manifeste qu'aucun des mécanismes que nous connaissons, mis en jeu par la seule main de l'homme, ne pourrait s'appliquer efficacement à la direction des aérostats. Ainsi tous les innombrables systèmes de rames, de roues, d'hélices, de gouvernails, etc., *mus par la force humaine*, qui ont été proposés ou essayés, ne pourraient en aucune manière permettre d'arriver au but que l'on se propose d'atteindre.

C'est donc un moteur d'une grande puissance qu'il faudrait substituer, dans un aérostat dirigeable, à la force humaine. Existe-t-il un moteur capable de remplir cet objet? Les machines à vapeur, qui produisent un résultat mécanique si puissant, ne pourraient qu'à travers bien des difficultés s'installer sous un aérostat. Le poids de la machine à vapeur, celui du combustible, et surtout les dangers qu'occasionne l'existence d'un foyer dans le voisinage d'un gaz inflammable comme l'hydrogène, sont autant de conditions qui sembleraient interdire l'emploi de la vapeur, comme force motrice, dans les appareils destinés à traverser les airs. Cependant la belle expérience exécutée, en 1852, par M. Henri Giffard, et sur laquelle nous aurons bientôt à revenir, prouve que l'on peut parvenir à installer sans danger, au-dessous d'un ballon à gaz hydrogène, une chaudière à vapeur et un foyer plein de combustible en ignition.

Le pétrole sert quelquefois, aujourd'hui, à remplacer le charbon dans les fourneaux qui chauffent les chaudières à vapeur des machines fixes ou des locomotives. En remplaçant le charbon par le pétrole, on diminuerait le poids du combustible à emporter et on augmenterait d'autant la force ascensionnelle.

Quant aux autres moteurs d'une puissance plus faible que celle de la vapeur, c'est-à-dire le moteur électrique, les ressorts et l'air comprimé, un vent d'une force médiocre paralyserait toute leur action. La vapeur seule a la puissance suffisante pour lutter contre l'effet d'un vent modéré.

Un vent un peu fort arrêterait la marche d'un aérostat muni d'un tout autre agent de force mécanique.

Le problème qui nous occupe présente une seconde difficulté, à laquelle on songe peu d'ordinaire : c'est de connaître à chaque instant, et dans toutes les circonstances, la véritable direction de la marche du ballon. L'aiguille aimantée, qui sert de guide dans la navigation maritime, ne peut s'appliquer à la navigation aérienne. En effet, le pilote d'un navire ne se borne pas à consulter, sur la boussole, la direction de l'aimant. Il a soin de comparer cette direction avec la ligne qui représente la marche du vaisseau ; il consulte le sillage laissé sur les flots par le passage du navire, et c'est l'angle que font entre elles les deux lignes du sillage et de l'aiguille aimantée, qui sert à reconnaître et à fixer sa marche. Mais l'aéronaute, flottant dans les airs, ne laisse derrière lui aucune trace analogue au sillage des vaisseaux. Placé au-dessus d'un nuage, le navigateur aérien ne peut plus reconnaitre la route de la machine aveugle qui l'emporte ; perdu dans l'immensité de l'espace, il n'a aucun moyen de s'orienter. Cette difficulté, à laquelle on songe peu d'ordinaire, est pourtant un des obstacles les plus sérieux qu'aurait à surmonter la navigation aérienne; elle obligerait les aéronautes, même en les supposant munis des appareils moteurs les plus puissants, à se maintenir près de la terre, pour reconnaître le sens de la route parcourue.

On peut conclure, de ce qui précède, que la machine à vapeur alimentée par le pétrole brûlé sous la chaudière, est le seul agent de force mécanique qui puisse faire espérer la solution du problème de la direction des aérostats. On n'aurait jamais, bien entendu, la prétention de lutter contre le vent, même modéré. On se bornerait à profiter des instants de calme qui se produisent dans l'air.

Il est donc peut-être réservé à notre siècle de voir s'accomplir la magnifique découverte de la navigation atmosphérique. Mais, dans tous les cas, ce n'est point dans les stériles efforts des aéronautes empiriques, que l'on trouvera jamais les moyens de la réaliser. C'est la mécanique et la physique, ces deux sciences, tant décriées à cette occasion par d'ignorants rêveurs, qui permettront d'accomplir la découverte admirable qui doit doter l'humanité de facultés nouvelles et ouvrir une carrière à son ambition et à ses légitimes désirs.

Nous passerons en revue dans ce chapitre les essais faits à différentes époques pour parvenir à diriger les aérostats. Le secours que ces tentatives ont apporté à l'avancement de la question est des plus minimes, mais il est bon de les signaler, ne fût-ce que pour montrer que les conceptions les plus raisonnables et les mieux fondées en apparence, soumises à la sanction de la pratique, ont trahi les espérances des inventeurs.

Presque au début de l'aérostation, Monge traita le premier la question qui nous occupe. Il proposa un système de vingt-cinq petits ballons sphériques, attachés l'un à l'autre comme les grains d'un collier, formant un assemblage flexible dans tous les sens, et susceptible de se développer en ligne droite, de se courber en arc dans toute sa longueur ou seulement dans une partie de sa longueur, et de prendre, avec ces formes rectilignes ou ces courbures, la situation horizontale ou différents degrés d'inclinaison. Chaque ballon devait être muni de sa nacelle et dirigé par un ou deux aéronautes. En montant ou en descendant, suivant l'ordre transmis, au moyen de signaux, par le commandant de l'équipage, ces globes auraient imité dans l'air le mouvement de l'anguille dans l'eau. Nous n'avons pas besoin de dire que cet étrange projet n'a jamais été mis en pratique.

Meunier a traité plus sérieusement le problème de la direction des aérostats. Le travail mathématique qu'il a exécuté sur cette question, en 1784, est digne encore d'être médité. Meunier voulait employer un seul ballon, de forme sphérique et d'une dimension médiocre. Ce ballon était muni d'une seconde enveloppe, destinée à contenir de l'air comprimé. A cet effet, un tube faisait communiquer cette enveloppe avec une pompe foulante placée dans la nacelle. En faisant agir cette pompe, on introduisait, entre les deux enveloppes, une certaine quantité d'air atmosphérique, dont l'accumulation augmentait le poids du système, et donnait ainsi le moyen de redescendre à volonté.

Pour remonter, il suffisait de donner issue à l'air comprimé ; le ballon s'allégeait, et regagnait les couches supérieures. Ni lest ni soupape n'étaient donc nécessaires, ou plutôt, les navigateurs avaient toujours le lest sous la main, puisque l'air atmosphérique en tenait lieu.

Quant aux moyens de mouvement, Meunier ne comptait que sur les courants atmosphériques ; en se plaçant dans leur direction, on devait obtenir une vitesse considérable. Mais, pour chercher ces courants et pour s'y rendre, il faut un moteur et un moyen de direction. Meunier pensait que le moteur le plus avantageux, c'étaient les bras des hommes de l'équipage. Il employait, comme mécanisme pour utiliser cette force, les ailes d'un moulin à vent, qu'il multipliait autour de l'axe, afin de pouvoir les raccourcir sans en diminuer la superficie totale ; il donnait à ces ailes une inclinaison telle, qu'en frappant l'air, elles transmettaient à l'axe une impulsion dans le sens de sa longueur, impulsion qui devait entraîner la progression de l'aérostat. L'équipage était employé à faire tourner l'axe de ce moulin à vent.

L'auteur de ce projet avait calculé qu'en employant toutes les forces des passagers, on ne pourrait communiquer au ballon que la vitesse d'une lieue par heure. Cette vitesse suffisait pourtant au but qu'il se proposait, c'est-à-dire pour trouver le courant d'air propice, auquel il devait ensuite abandonner sa machine.

Tels sont les principes sur lesquels Meunier croyait devoir fonder la pratique de la navigation aérienne. Son projet de lester les ballons avec de l'air comprimé mériterait d'être soumis à l'expérience ; mais on voit que la navigation aérienne, exécutée dans ces conditions, ne répondrait que bien imparfaitement aux espérances qu'on en a conçues.

C'est à l'oubli des principes posés par Meunier qu'il faut attribuer la marche vicieuse qu'ont suivie, après lui, les recherches concernant la direction des ballons. En s'écartant de ces sages et prudentes prémisses, en voulant lutter directement contre les courants atmosphériques, en essayant de construire, avec des mécanismes mis en action par la force de l'homme, divers appareils destinés à lutter contre la résistance de l'air, on n'a abouti, comme il était facile de le prévoir, qu'à de déplorables échecs.

C'est ce qui arriva, par exemple, à un certain Calais, qui fit, au jardin Marbœuf, à Paris, en 1801, une expérience aussi ridicule que malheureuse, sur la direction des ballons.

En 1812, un honnête horloger de Vienne, nommé Jacob Deghen, échoua tout aussi tristement, à Paris. Il réglait la marche du temps, il crut pouvoir asservir l'espace. Le système qu'il employait était une sorte de combinaison du cerf-volant et de l'aérostat. Il différait peu de celui que Blanchard avait essayé à Paris, en 1780, et que nous avons déjà représenté. Un plan incliné, se portant à droite ou à gauche, au moyen de la pression des mains ou des pieds, devait offrir à l'air une résistance, et à l'aéronaute un centre d'action.

La figure de la page suivante montre les dispositions de l'appareil que Deghen avait construit pour faire mouvoir, à l'aide des mains ou des pieds, des espèces d'ailes qui auraient imprimé à l'aérostat la direction désirée.

L'expérience tentée au Champ-de-Mars trompa complètement l'espoir de l'horloger viennois. Le pauvre

Appareil de Deghen pour la direction des aérostats.

aéronaute fut battu par la populace, qui mit en pièces sa machine.

En 1816, Pauly, de Genève, l'inventeur du fusil à piston, voulut établir à Londres des transports aériens. Il construisit un ballon colossal, qui avait la forme d'une baleine, mais il n'obtint aucun succès.

Cet appareil de Pauly n'était, d'ailleurs, que l'imitation du système que le baron Scott de Martinville avait imaginé, dès le début des tentatives de ce genre.

En 1788, le baron Scott de Martinville avait soumis au monde savant le projet d'un immense aérostat, représentant une sorte de poisson aérien, muni de sa nageoire articulée et mobile, qui devait rappeler par sa marche dans l'air la progression du poisson dans l'eau. Mais ce plan, qui, dès le commencement de l'année 1789, avait réuni un assez grand nombre de souscripteurs, ne fut pas exécuté, par suite de la gravité des événements politiques que la Révolution fit éclore.

C'est encore parmi les projets qu'il faut ranger la machine proposée, en 1825, par M. Edmond Genet, frère de madame Campan, établi aux États-Unis, qui publia à New-York un mémoire sur les *forces ascendantes des fluides*, et qui obtint un brevet du gouvernement américain pour un *aérostat dirigeable*.

La machine décrite par Genet était d'une forme ovoïde, et allongée dans le sens horizontal; elle présentait une longueur de cent cinquante pieds (anglais) sur quarante-six de largeur et cinquante-quatre de hauteur. Le moyen mécanique dont l'auteur voulait faire usage était un manège mû par des chevaux; il embarquait dans l'appareil les matières nécessaires à la production du gaz hydrogène.

Nous pouvons citer encore le projet d'une machine

aérienne dirigeable, qui fut conçue par Dupuis-Delcourt. C'était un aérostat de forme ellipsoïde, soutenant un plancher sur lequel fonctionnait un arbre engrenant sur une manivelle. Cet arbre, qui s'étendait depuis le milieu de la nacelle jusqu'à son extrémité, était muni d'une hélice destinée à faire avancer l'appareil horizontalement.

« Pour obtenir l'ascension ou la descente, entre l'aérostat et la nacelle, on dispose, disait Dupuis-Delcourt, un châssis recouvert d'une toile résistante et bien tendue. Si l'aéronaute veut s'élever, il baisse l'arrière de ce châssis, et la colonne d'air, glissant en dessous, fait monter la machine. S'il veut descendre, il abaisse le châssis par devant, l'air qui glisse en dessus oblige l'appareil à descendre. » Cette disposition est fort loin de présenter la solution du problème. Dans un air parfaitement calme et à la surface de la terre, on pourrait peut-être faire obéir l'aérostat, mais dans une atmosphère un peu agitée, il n'en serait pas ainsi. Qu'il vienne une bourrasque d'en haut, et en raison de la grande surface que présente le châssis, la nacelle sera précipitée à terre; que la bourrasque vienne d'en bas, et l'aérostat subira une ascension forcée, qui pourra devenir dangereuse.

Les divers projets qui viennent d'être énumérés n'ont pas été mis à exécution; mais, par la triste déconvenue qu'éprouva, le 16 août 1834, M. de Lennox, avec son navire aérien *l'Aigle,* on peut juger du sort qui attendait ces rêveries, si l'on eût voulu les transporter dans la pratique.

M. de Lennox était un ancien colonel d'infanterie, qui avait jeté toute sa fortune, c'est-à-dire une centaine de mille francs, dans la construction d'un aérostat dirigeable. Cet aérostat avait 50 mètres de longueur, sur 20 de hauteur. Il portait une nacelle de 20 mètres de long, pouvant enlever dix-sept personnes, et était muni d'un gouvernail, de rames tournantes, etc. « Le ballon est construit, disait le programme, au moyen d'une toile préparée de manière à contenir le gaz pendant près de quinze jours. » Hélas! on eut toutes les peines du monde à faire parvenir jusqu'au Champ-de-Mars la malheureuse machine, qui pouvait à peine se soutenir. Elle ne put s'élever, et la multitude la mit en pièces.

Un autre essai, exécuté à Paris par M. Eubriot, au mois d'octobre 1839, ne réussit pas mieux. Ce mécanicien avait construit un aérostat, de forme allongée, offrant à peu près la figure d'un œuf. Il présentait cet œuf par le gros bout. Cette disposition, que l'on regardait comme un progrès, n'avait au contraire rien que de vicieux. Une fois la colonne d'air entamée par le gros bout, le reste, disait-on, devait suivre sans encombre. C'était rappeler la fable du dragon à plusieurs queues : il fallait pouvoir faire avancer le gros bout. Or, ce résultat ne pouvait être obtenu par les faibles moyens mécaniques auxquels on avait recours, et qui se bornaient à deux moulinets mus par les bras de l'homme.

Le problème de la direction des aérostats fut remis à l'ordre du jour vers 1850. A la suite de la faveur nouvelle que le caprice de la mode vint rendre, à cette époque, aux ascensions et aux expériences aérostatiques, un inventeur, Petin, que n'avait point découragé l'insuccès de ses nombreux devanciers, traça, au mois de juin 1850, le plan d'une sorte de *vaisseau aérien*. Ce prétendu système de locomotion aérienne était fort au-dessous des combinaisons du même genre déjà proposées; cependant, comme il fit beaucoup de bruit à Paris et dans le reste de la France, nous rappellerons ses dispositions principales.

Petin réunissait en un système unique quatre aérostats à gaz hydrogène reliés, par leur base, à une charpente de bois, qui formait comme le pont de ce nouveau vaisseau. Sur ce pont s'élevaient, soutenus par des poteaux, deux vastes châssis, garnis de toiles, disposés horizontalement. Quand la machine s'élevait ou s'abaissait, ces toiles, présentant une large surface qui donnait prise à l'air, se trouvaient soulevées ou déprimées uniformément par la résistance de ce fluide; mais, si l'on en repliait une partie, la résistance devenait inégale, et l'air passait librement à travers les châssis ouverts. Comme il continuait cependant d'exercer son action sur les châssis encore munis de leurs toiles, il résultait de là une rupture d'équilibre qui devait faire incliner le vaisseau et le faire monter ou descendre à volonté, en sens oblique, le long d'un plan incliné.

Le projet de Petin présentait un vice irrémédiable. Les mouvements provoqués par la résistance de l'air ne pouvaient s'exécuter que pendant l'ascension ou la descente; ils étaient impossibles quand le ballon était en repos. Pour provoquer le mouvement, il était indispensable d'élever ou de faire descendre l'aérostat, en jetant du lest ou en perdant du gaz. On n'atteignait donc le but désiré qu'en usant peu à peu la cause même du mouvement.

Là n'était pas encore, toutefois, le défaut radical de ce système : ce défaut radical, c'était l'absence de tout moteur. L'effet de bascule provenant du jeu des châssis aurait peut-être pu imprimer, dans un temps calme, un mouvement à l'appareil; mais, pour surmonter la résistance du vent et des courants atmosphériques, il faut évidemment faire intervenir une puissance mécanique. Cet agent fondamental, c'est à peine si Petin y avait songé, ou du moins les moyens qu'il proposait étaient tout à fait puérils. Il se tirait d'embarras, en disant que son moteur serait la main des hommes, ou *tout autre moyen mécanique*. Mais c'est précisément ce moyen mécanique qu'il s'agissait de trouver, car en cela justement consiste la difficulté qui s'est opposée jusqu'à ce jour à la réalisation de la navigation aérienne.

L'inventeur de l'imparfait appareil que nous venons de décrire parcourut la France, en 1851, pour recueillir les moyens de l'exécuter en grand. Dans les séances publiques qu'il donnait en nos différentes villes, Petin, ex-bonnetier de la rue Saint-Denis, vouait à l'anathème les savants et la science qui condamnaient son entreprise.

Sa propagande infatigable eut pour résultat la réunion d'une somme importante, qu'il jeta tout entière dans la construction d'une machine qui différait en certains points de son premier modèle, mais qui n'en était pas pour cela plus raisonnable. Au mois de septembre 1851, le gigantesque appareil était terminé. Malheureusement, le préfet de police de Paris partagea l'avis des savants, et l'autorisation demandée par Petin, pour exécuter son ascension, lui fut refusée, par la crainte très légitime de compromettre la vie des personnes qui devaient l'accompagner.

L'inventeur passa alors en Angleterre; mais l'hospitalité britannique ne lui fut pas plus favorable, car, bientôt après, Petin faisait voile pour l'Amérique, pour y exhiber ses ballons accouplés.

Il fit une ascension à New-York, avec un seul des ballons qui entraient dans la composition de son système : il était accompagné d'un aéronaute de profession, nommé Chevalier. Mais la chance leur fut contraire, car ils allèrent tomber à la mer, d'où l'on eut grand'peine à les retirer.

Petin se rendit ensuite à la Nouvelle-Orléans, où il fit une ascension, avec un autre de ses ballons. Mais le même guignon le poursuivait, car il tomba encore dans l'eau. C'était dans le lac Pontchartrain, et il faillit y périr.

Jusque-là Petin n'avait jamais mis à l'épreuve son fameux système. Il en fit l'essai public à la Nouvelle-Orléans, sur la *Place du Congo*, aujourd'hui *Place d'Armes*. Mais, toujours poursuivi par la mauvaise chance qui semblait s'attacher à son entreprise, il ne put jamais parvenir à gonfler ses quatre ballons : le gaz fourni par les usines de la ville ne put suffire, ou bien il existait des fuites dans l'appareil. Le fait est qu'il ne put effectuer son ascension ; de sorte qu'il est impossible de dire comment se serait comporté dans l'air ce bizarre équipage.

Petin se rendit ensuite à Mexico, où il exécuta une simple ascension, qui réussit assez mal.

Finalement, l'inventeur du système de navigation aérienne qui avait fait un moment tant de bruit parmi nous revint en France, après sa malheureuse campagne dans le Nouveau-Monde, et mourut à Paris, peu d'années après.

Sur la liste des aéronautes qui ont essayé de construire des aérostats dirigeables, nous pouvons ajouter pour arriver jusqu'à notre époque, le nom de M. Delamarne. Cet expérimentateur essaya en 1866, dans le jardin du Luxembourg, de lancer un aérostat à gaz hydrogène, mû par des rames en forme d'hélice. Il avait annoncé qu'il décrirait en l'air un cercle, grâce à son mécanisme directeur. Mais l'événement ne répondit pas à ses promesses. L'aérostat s'éleva *cahin-caha.* Il s'en allait incliné sur lui-même, prouvant ainsi qu'il obéissait assez mal à l'action de l'hélice prétendue directrice.

Dans une autre expérience, faite peu de temps après, sur l'esplanade des Invalides, l'hélice, au moment du départ, vint accrocher l'étoffe du ballon, et la déchira du haut en bas. Ainsi finit cette tentative.

CHAPITRE XVII

Application de la vapeur à la direction des aérostats. — L'aérostat à vapeur de Henri Giffard expérimenté à Paris en 1852.

Nous venons de dire que c'est l'insuffisance de la puissance motrice qui est l'obstacle principal à la direction des aérostats. Pénétré sans doute de cette vérité, Henri Giffard fit, en 1852, une expérience des plus remarquables, pour l'application de la vapeur aux aérostats. Le 22 septembre 1852, Paris eut le spectacle extraordinaire d'un aérostat emportant, suspendue à son filet, une machine à vapeur destinée à le diriger à travers les airs: et l'expérience donna, d'ailleurs, un résultat satisfaisant.

Henri Giffard pensait, avec raison, que la forme

sphérique est très peu avantageuse pour obtenir la direction, et que pour naviguer dans l'air, il faut adopter la forme des vaisseaux et embarcations qui naviguent sur l'eau.

Le ballon de Henri Giffard était donc de forme allongée, présentant, par sa section, à peu près la coupe d'un navire; deux pointes le terminaient de chaque côté. Long de 44 mètres, large en son milieu de 12 mètres, il contenait environ 2,500 mètres cubes de gaz, et était enveloppé de toutes parts, sauf à sa partie inférieure et aux pointes, d'un filet, dont les extrémités en pattes d'oie venaient se réunir à une série de cordes fixées à une traverse horizontale de bois de 20 mètres de longueur. Cette traverse portait à son extrémité une espèce de voile triangulaire, assujettie par un de ses côtés à la dernière corde partant du filet, et qui lui tenait lieu de charnière ou axe de rotation.

Cette voile représentait le gouvernail et la quille; il suffisait, au moyen de deux cordes qui venaient se réunir à la machine, de l'incliner de droite à gauche, pour produire une déviation correspondante à l'appareil, et changer immédiatement de direction. A défaut de cette manœuvre, elle revenait aussitôt se placer dans l'axe de l'aérostat, et son effet normal consistait alors à faire l'office de quille ou de girouette, c'est-à-dire à maintenir l'ensemble du système dans la direction du vent.

A 6 mètres au-dessous de la traverse était suspendue la machine à vapeur avec tous ses accessoires.

Cette machine à vapeur était posée sur une espèce de brancard de bois, dont les quatre extrémités étaient soutenues par les cordes de suspension, et dont le milieu, garni de planches, était destiné à supporter les personnes, ainsi que l'approvisionnement d'eau et de charbon.

La chaudière était verticale et à foyer intérieur sans tubes à feu. Elle était en partie entourée, extérieurement, d'une enveloppe de tôle qui, tout en utilisant mieux la chaleur du charbon, permettait au gaz de la combustion de s'écouler à une plus basse température. Le tuyau de la cheminée était renversé, c'est-à-dire dirigé de haut en bas, afin de ne pas mettre le feu au gaz. Le tirage s'opérait dans ce tuyau, au moyen de la vapeur, qui venait, comme dans les locomotives, s'y élancer avec force à sa sortie du cylindre, et qui, en se mélangeant avec la fumée, abaissait considérablement sa température, tout en projetant rapidement cette vapeur dans une direction opposée à celle de l'aérostat.

Le charbon brûlait sur une grille complètement entourée d'un cendrier, de sorte qu'il était impossible d'apercevoir extérieurement la moindre trace de feu. Le combustible employé était du coke.

La vapeur produite se rendait aussitôt dans la machine proprement dite.

Nous représentons à part la machine à vapeur de l'aérostat de Henri Giffard. Elle se compose d'un cylindre vertical, dans lequel se meut un piston, lequel, par l'intermédiaire d'une bielle, fait tourner l'arbre coudé placé au sommet.

Cet arbre porte, à son extrémité, une hélice à trois palettes de 3^{m},40 de diamètre, destinée à prendre le point d'appui sur l'air et à faire progresser l'appareil. La vitesse de l'hélice est d'environ cent dix tours par minute, et la force que développe la machine pour la faire tourner est de trois chevaux, ce qui représente la puissance de vingt-cinq à trente hommes.

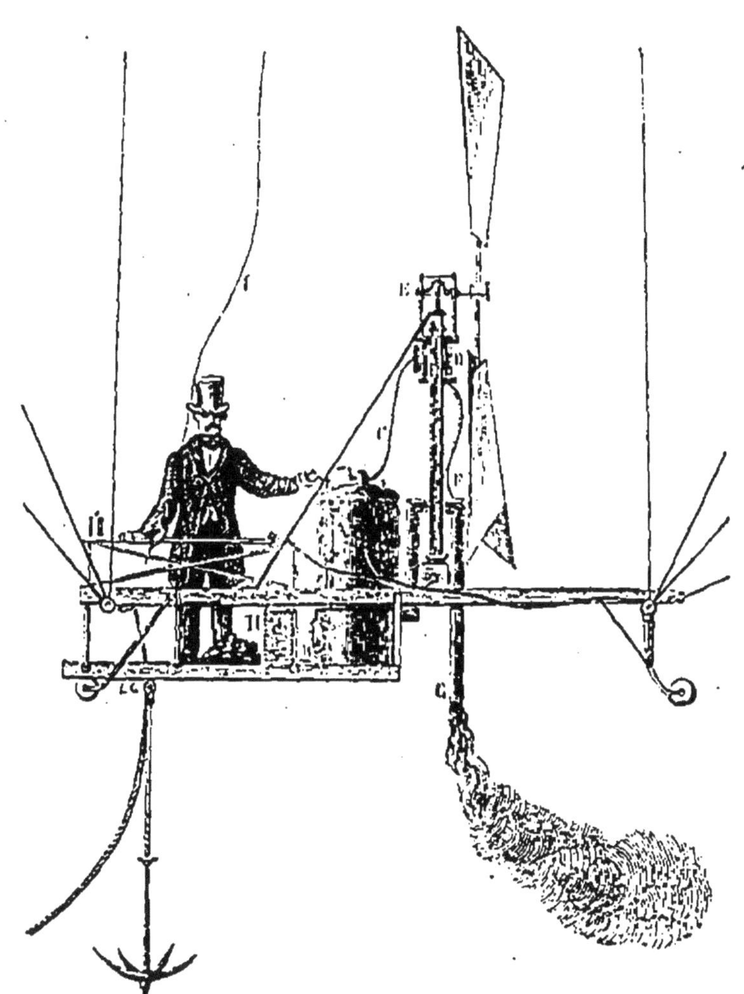

Machine à vapeur de l'aérostat de Henri Giffard.

AB, chaudière à foyer renversé. — FG, tuyau de la cheminée, dans lequel se dirige, en même temps que la fumée du foyer, la vapeur sortant du cylindre. — H, bâche contenant la provision d'eau et de coke. — E, axe coudé qui fait mouvoir l'hélice. — L, corde de la soupape.

Le poids du moteur proprement dit, indépendamment de l'approvisionnement et de ses accessoires, était de 100 kilogrammes pour la chaudière et de 50 kilogrammes pour la machine; en tout, 150 kilogrammes, ou 50 kilogrammes par force d'homme, de sorte que, s'il avait fallu obtenir le même effet mécanique à bras d'homme, il aurait fallu enlever vingt-cinq à trente individus, représentant un poids moyen de 1,800 kilogrammes, c'est-à-dire un poids douze fois plus considérable, et que l'aérostat n'aurait pu porter.

De chaque côté de la machine étaient deux bâches, dont l'une contenait le combustible et l'autre l'eau destinée à remplacer, dans la chaudière, celle qui disparaissait par l'évaporation. Une pompe, mue par la tige du piston, servait à refouler cette eau dans la chaudière. Cette dépense d'eau remplaçait, circonstance intéressante, le lest ordinaire des aéronautes. Ce lest d'un nouveau genre avait pour effet, étant dépensé graduellement par la disparition de l'eau en vapeur, de délester peu à peu l'aérostat, sans qu'il fût nécessaire d'avoir recours à des projections de sable, ou à tout autre moyen que l'on emploie dans les ascensions ordinaires.

L'appareil moteur était monté tout entier sur quelques roues, mobiles en tous sens, ce qui permettait de le transporter facilement, quand on se trouvait à terre.

Gonflé avec le gaz de l'éclairage, l'aérostat à vapeur avait une force ascensionnelle de 1,800 kilogrammes environ, distribués comme il suit :

Aérostat avec la soupape	320	kilogrammes.
Filet	150	—
Traverses, cordes de suspension, gouvernail, cordes d'amarrage.........	300	—

Machine et chaudière vide...........	150	kilogrammes.
Eau et charbon contenus dans la chaudière au moment du départ........	60	—
Châssis de la machine, brancard, planches, roues mobiles, bâches à eau et à charbon........................	420	—
Corde traînante pour arrêter l'appareil en cas d'accident..................	80	—
Poids de la personne conduisant l'appareil........................	70	—
Force ascensionnelle nécessaire au départ........................	10	—
	1560	

Il restait donc à disposer d'un poids de 240 kilogrammes, que l'on avait affecté à l'approvisionnement d'eau et de charbon, et par conséquent de lest.

Dans l'expérience, si intéressante et si neuve, qu'il entreprenait, Henri Giffard avait à vaincre des difficultés de deux genres : 1° suspendre une machine à vapeur au-dessous d'un aérostat à gaz hydrogène, de la manière la plus convenable, en évitant le danger terrible qui devait résulter de la présence d'un foyer dans le voisinage du gaz inflammable; 2° obtenir, avec l'hélice mue par la vapeur, la direction de l'aérostat.

Il y avait, sur la première question, bien des difficultés à vaincre. En effet, les appareils aérostatiques que l'on avait employés jusque-là étaient à peu près invariablement des globes sphériques, tenant, suspendus par une corde, soit une nacelle, pouvant contenir une ou plusieurs personnes, soit tout autre objet, plus ou moins lourd. Toutes les expériences tentées en dehors de cette primitive et unique disposition avaient eu lieu, ce qui était infiniment moins dangereux, sur de petits modèles tenus captifs par l'expérimentateur; le plus souvent même, comme il résulte de la revue historique qui précède, ces expériences étaient restées à l'état de projet.

En l'absence de tout fait antérieur concluant, l'in-

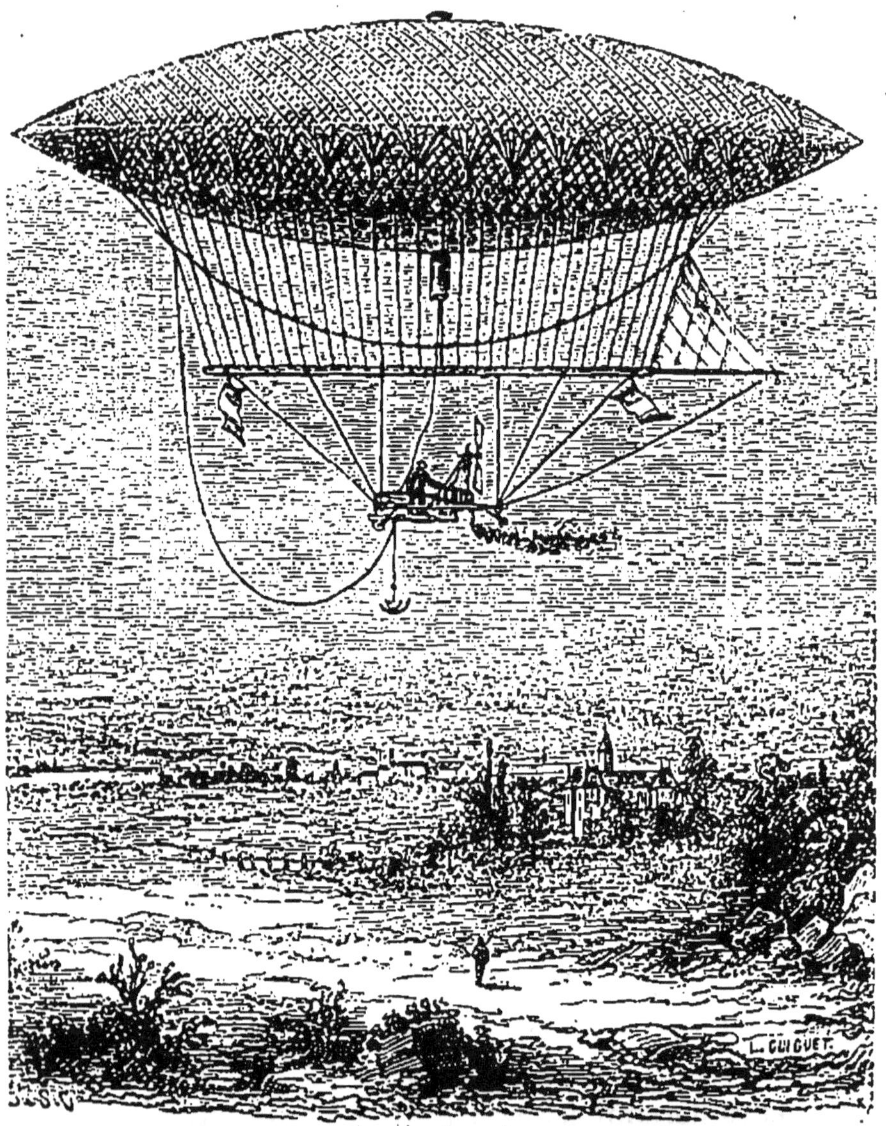

Aérostat à vapeur de Henri Giffard.

venteur devait encore concevoir certaines craintes sur la stabilité de son aérostat en forme de carène de navire.

L'expérience vint le rassurer pleinement à cet égard; elle prouva que l'aérostat allongé est le seul que l'on puisse diriger convenablement. La même expérience établit de la façon la plus concluante que le danger résultant de la réunion du feu et d'un gaz inflammable pouvait être complètement écarté.

Quant au second point, c'est-à-dire celui de la direction, les résultats obtenus furent les suivants : Dans un air parfaitement calme, la vitesse de transport en tous sens était de 2 à 3 mètres par seconde; cette vitesse était naturellement augmentée ou diminuée de toute la vitesse du vent, suivant qu'on marchait avec ou contre ce vent, absolument comme pour un bateau qui monte ou descend le courant d'un fleuve. Dans tous les cas, l'appareil avait la faculté de dévier plus ou moins de la ligne du vent, et de former avec celle-ci un angle, qui dépendait de la vitesse de ce dernier.

Voici maintenant comment se passa l'expérience du 25 septembre 1852.

Henri Giffard partit seul de l'Hippodrome, à 5 heures et quart. Le vent soufflait avec une assez grande violence. Henri Giffard ne songea pas un seul instant à lutter directement contre le vent; la force de la machine ne l'eût pas permis; mais il opéra, avec succès, diverses manœuvres de déviation latérale et de mouvement circulaire.

L'action du gouvernail se faisait parfaitement sentir. A peine l'aéronaute avait-il tiré légèrement une des deux cordes de ce gouvernail, qu'il voyait immédiatement l'horizon tournoyer autour de lui.

Il s'éleva à une hauteur de 1,500 mètres, et s'y maintint quelque temps.

Cependant, la nuit approchait, et notre hardi expérimentateur ne pouvait rester plus longtemps dans l'atmosphère. Craignant que l'appareil n'arrivât à terre avec une certaine vitesse, il commença à étouffer le feu avec du sable et il ouvrit tous les robinets de la chaudière. Aussitôt la vapeur s'écoula de toutes parts, avec un fracas épouvantable. M. Giffard craignit un moment qu'il ne se produisît, par la sortie de la vapeur, quelque phénomène électrique, et pendant quelques instants il fut enveloppé d'un nuage de vapeur qui ne lui permettait plus de rien distinguer.

L'aérostat, au moment où la vapeur fut lâchée, était à la plus grande élévation qu'il eût atteinte, c'est-à-dire à 1,800 mètres.

Le ballon évolua dans l'air avec beaucoup de facilité, et ramena sain et sauf à terre, près de Trappes, le hardi expérimentateur, bien convaincu que la direction des ballons était possible avec une force motrice telle que la vapeur.

A 10 heures du soir, Henri Giffard était de retour à Paris. L'appareil n'avait éprouvé, en touchant le sol, que quelques avaries insignifiantes.

Henri Giffard avait été puissamment secondé, dans son entreprise, par deux de ses camarades de l'École centrale, MM. David et Sciamma. Ces deux amis et collaborateurs de Giffard moururent tous les deux, peu d'années après.

Le directeur de l'Hippodrome, Arnaud, avait passé avec Henri Giffard un traité, pour exécuter une dizaine d'ascensions avec l'aérostat à vapeur expérimenté le 24 septembre 1852. Mais une circonstance bizarre arrêta l'entreprise. Comme la saison était avancée, et que l'on s'approchait de l'époque des longues soirées, la Compagnie du gaz craignit de ne pouvoir fournir le gaz nécessaire au gonflement du ballon, dans la série d'ascensions projetées; et, faute d'un peu de gaz, ou plutôt faute d'un peu de bon vouloir de la part de la Compagnie du gaz, la campagne si bien commencée en resta là.

Nous ne voyons, en résumé, aucune impossibilité à ce que l'application de la machine à vapeur à l'aéronautique vienne apporter la solution du problème, tant poursuivi, de la direction des ballons, en fournissant la force mécanique nécessaire pour faire progresser l'aérostat. Le danger de l'existence d'un foyer au-dessous d'un réservoir de gaz hydrogène serait évité, en partie, par l'emploi du foyer à flamme renversée, dont M. Henri Giffard fit usage dans son expérience de 1852.

Bien entendu qu'il ne s'agirait jamais de lutter contre le vent, mais d'attendre les moments de calme, ce qui peut toujours s'apprécier, puisque l'on ne doit s'élever qu'à quelques centaines de mètres dans l'air et que le vent qui règne à la surface du sol ne diffère pas sensiblement de celui qui existe à quelques centaines de mètres au-dessus.

CHAPITRE XVIII

Les ballons captifs. — Les ballons captifs de Henri Giffard en 1867 et en 1878.

Les ascensions en ballon captif sont une invention propre à la fin de notre siècle, car depuis la suppression, faite par Bonaparte en 1799, du corps des aérostiers militaires de la République, on n'avait vu nulle part l'intéressante opération qui consiste à hisser, à une hauteur plus ou moins grande, au milieu des airs, des amateurs et des curieux. C'est cette entreprise qu'a réalisée avec un grand bonheur, en 1867, puis en 1878, Henri Giffard.

Nous avons dit, dans le chapitre précédent, que le 24 septembre 1852, Henri Giffard, encore élève de l'École centrale des arts et manufactures, exécuta la plus audacieuse expérience que l'on eût osé faire jusque-là dans l'aérostation, expérience qui n'a jamais été depuis, non seulement dépassée, mais même imitée ; — qu'il s'éleva dans les airs avec un ballon plein de gaz d'éclairage, portant à sa partie inférieure une machine à vapeur et une hélice directrice, — et qu'il fit, sans trembler, brûler le foyer de sa machine à vapeur à quelques mètres de distance d'un gaz inflammable.

Henri Giffard aurait eu le sort du commun des inventeurs, qui sont obligés, faute de ressources suffisantes, de rentrer dans la foule, et de renfermer en eux-mêmes l'essor de leur pensée et de leurs projets, si son talent ne lui eût ménagé un sort imprévu, qui dépassa toutes ses espérances. Attaché, comme dessinateur, aux ateliers du chemin de fer de Saint-Germain et de Versailles, Henri Giffard aimait à monter sur les machines en marche, et à entendre le sifflet strident de la locomotive lancée à toute vapeur. C'est sans doute ainsi qu'il reconnut les défauts de la pompe alimentaire qui était employée dans les locomotives pour renouveler l'eau de la chaudière, au fur et à mesure de son évaporation, et qu'il résolut de chercher à réaliser l'alimentation continue de la chaudière autrement que par le jeu d'une pompe, qui est sujette à beaucoup d'inconvénients. C'est alors qu'il inventa l'*injecteur à vapeur*.

Cette invention était des plus remarquables, car l'*injecteur à vapeur* a été conçu en dehors de toutes les idées reçues en mécanique, et il constitue une sorte de paradoxe physique. Il étonne encore les savants, et les théories de la mécanique ont mis dix ans à en trouver l'explication. En effet, l'*injecteur à vapeur* laisse la chaudière librement ouverte, sans que la vapeur intérieure s'en échappe. L'alimentation de l'eau nouvelle se fait par une sorte d'aspiration exécutée par la vapeur intérieure, et l'eau liquide pénètre de l'extérieur à l'intérieur de la chaudière, quelle que soit la pression qui existe dans le générateur. Ce fait, nous le répétons, allait à l'encontre de toutes les idées reçues autrefois concernant la pression des gaz.

L'*injecteur Giffard*, qui gênait tant la théorie des machines à vapeur, était, au contraire, pour la pratique, une acquisition hors ligne, par sa simplicité et ses avantages. Cet appareil fut bientôt installé sur les locomotives de tous les pays. Des locomotives il passa aux machines fixes et aux machines de navigation, et il simplifia considérablement l'alimentation de toutes les machines à vapeur en général. Aussi peut-on dire que l'*injecteur Giffard* est le plus important perfectionnement qui ait été apporté depuis Stephenson aux locomotives. Un constructeur de machines à vapeur, M. Flaud, dont chacun connaît l'intelligence et la capacité, fut chargé par Henri Giffard de la construction et de la vente de son appareil. Dès lors, l'invention, événement fort rare, enrichit l'inventeur.

On sait l'histoire du berger qui disait souvent, avec un soupir mélancolique : « S j'étais roi ! » — « Eh bien, que ferais-tu, si tu étais roi ? » lui demanda-t-on un jour. — « Si j'étais roi, reprit le berger, je garderais mes moutons à cheval ! »

Ainsi a fait Henri Giffard : il a construit ses ballons à cheval. Une fois enrichi par le fruit légitime de son intelligence et de son travail, il n'a eu d'autre pensée que de consacrer sa fortune à l'aérostation, et de réaliser dans l'âge mûr ce qui avait été le rêve et la passion de sa jeunesse. Il s'est adonné, avec l'esprit de rigueur et la précision qui est le caractère des travaux de l'ingénieur, à l'étude des moyens approfondis de perfectionner l'art de l'aérostation. Cet art, qui était resté livré, depuis Montgolfier, à l'empirisme ou à l'enthousiasme ignorant, trouva dans Henri Giffard un maître rigoureux. Pour la première fois, le calcul fut appliqué d'une manière rationnelle à tous les éléments de la construction des ballons, éléments qui, par leur nature, se dérobent souvent aux lois mathématiques.

Le ballon captif qui fonctionna aux portes de l'Exposition de 1867 montra pour la première fois au public, sous une forme matérielle, le résultat des études de Henri Giffard sur l'aérostation. Il y avait dans cet aérostat captif une série de dispositions si nouvelles, si originales, si sûrement calculées, que le public et les hommes de l'art ne purent retenir l'expression de leur admiration.

En 1868, Giffard installa à Londres un autre ballon captif, qui cubait 12,000 mètres, et qui enlevait 30 voyageurs à 300 mètres d'altitude.

Enfin, en 1878, pendant que l'Exposition universelle tenait ses assises au Champ-de-Mars, Henri Giffard installait son ballon captif dans la cour des Tuileries, devenue libre par suite de l'incendie et de la destruction du palais de nos rois, dans les sanglantes journées de mai 1871.

Henri Giffard.

C'est ce dernier appareil, c'est-à-dire le ballon captif qui a fonctionné en 1878, dans la cour des Tuileries, que nous allons décrire.

Peu de personnes se font une idée exacte des dispositions mécaniques toutes particulières qu'exige une ascension en ballon captif, et de la différence considéracle qui existe entre une ascension en ballon libre, qui n'est qu'un jeu d'enfant, et une ascension dans laquelle il faut retenir prisonnière et solidement rattachée à la terre une masse plus légère que l'air ; enfin, de la difficulté qu'il y a à garantir d'une manière absolue la sécurité du promeneur aérien, tout en lui donnant l'illusion d'une ascension en ballon perdu.

Ce problème mécanique est fort compliqué. Nous allons nous attacher à faire comprendre les moyens qui ont été mis en œuvre par Henri Giffard pour le résoudre.

Le ballon captif de la cour des Tuileries présentait des dimensions extraordinaires et qui dépassaient tout ce qui avait encore été vu. Ce ballon, qui n'était pas exactement sphérique, avait 55 mètres de hauteur, 36 mètres de diamètre, et son volume n'était pas moindre de 25,000 mètres cubes.

Pour se faire une idée d'un pareil tonnage, il faut le comparer à ceux des aérostats antérieurement construits.

Le premier ballon à gaz hydrogène portant des voyageurs, qui partit des Tuileries, le 21 décembre 1783, celui du professeur Charles, n'avait que 400 mètres cubes.

Les ballons ordinaires que l'on lançait dans les fêtes publiques, sous le premier empire, sous la Restauration et sous Louis-Philippe, cubaient environ 1,000 mètres.

Les ballons qu'expédiaient les aéronautes pendant le siège de Paris cubaient 2,000 mètres.

Le ballon de M. Nadar, le *Géant*, qui excita tant la curiosité en 1863, cubait près de 6,000 mètres.

Le ballon captif de Henri Giffard qui fonctionna en 1867, aux abords de l'Exposition universelle, avait 5,000 mètres de capacité.

Le ballon captif de la cour des Tuileries en 1878.

Le ballon captif de 1878 cubait, comme il vient d'être dit, 25,000 mètres. Ainsi il était cinq fois plus considérable que le ballon captif de 1867, et il aurait fallu vider le contenu de plus de quatre capacités du ballon le *Géant* pour remplir ses vastes flancs. Quand il était fixé au sol, il dépassait de 10 mètres l'arc de triomphe de l'Étoile, et il aurait atteint presque l'élévation de la colonne Vendôme. Il dominait d'une hauteur considérable l'édifice des Tuileries, dont il paraissait remplacer le dôme, en l'amplifiant considérablement, lorsqu'on considérait de loin son énorme masse couronnant les ruines noircies du vieux palais.

Pourquoi ces dimensions anormales? Pour enlever en l'air un plus grand nombre de personnes. L'aérostat captif de la cour des Tuileries pouvait, en effet, emporter 50 personnes dans les airs.

Mais cet énorme volume avait entraîné la nécessité de dispositions particulières, résultant de l'excès même de ce volume.

Et d'abord il avait fallu donner au câble destiné à retenir cette masse une résistance relativement prodigieuse. Ce câble de chanvre mesurait 0^m,085 de diamètre à sa partie supérieure, laquelle était fixée par une énorme épissure au cercle; il n'avait plus au cercle que 0^m,065 de diamètre à sa partie inférieure qui était fixée à terre.

Sa longueur était de 600 mètres.

L'étoffe du ballon était composée de sept tissus superposés et solidarisés de manière à former un tout homogène. Le tissu intérieur était une mousseline. Ensuite venait une couche de caoutchouc, un tissu de lin très solide, une seconde couche de caoutchouc, une seconde toile de lin, et une couche de caoutchouc vulcanisé.

Une mousseline extérieure, qui enveloppait le tout, avait reçu un vernis d'huile de lin cuite à la litharge, pour empêcher toute *endosmose*, c'est-à-dire toute fuite de gaz. Ce vernis était recouvert d'une peinture au blanc de zinc. C'est ce qui donnait au ballon des Tuileries cet aspect métallique qui le faisait ressembler à terre à une monstrueuse boule de zinc, et dans l'air à un nuage orageux.

Le filet se composait de 60,000 mailles, formées à l'aide de cordes passées les unes dans les autres.

Toute la corderie du ballon pesait 8,000 kilogrammes.

La nacelle, qui pesait 1,800 kilogrammes, pouvait, avons-nous dit, emporter 50 personnes. C'était une sorte de tonneau évidé à son centre. Dans la galerie circulaire résultant de cet évidement se plaçaient les voyageurs. Le câble passait dans l'espace vide. La galerie où se tenaient les voyageurs était munie d'une balustrade, enveloppée elle-même d'un filet. Le *dynamomètre*, qui donnait à chaque instant la mesure de la force totale déployée par la machine, était sous les yeux des voyageurs, qui pouvaient ainsi se rendre compte par eux-mêmes de l'effort développé.

Pour retenir une pareille masse attachée au sol et pour combattre l'effet du vent, il fallait un effort mécanique prodigieux. L'énorme surface que le ballon présentait à l'impulsion du vent aurait couché le globe sur le sol, ou l'aurait empêché de s'élever, s'il n'eût joui d'une force ascensionnelle considérable, et si l'on n'eût employé, quand il s'agissait de le ramener à terre, une grande puissance mécanique pour tirer et enrouler le câble.

Il y avait donc, dans la cour des Tuileries, deux machines à vapeur, pour développer la puissance de retenue, et un treuil, pour enrouler et dérouler le câble. La force de vapeur dont on disposait était de 300 chevaux. Quant au treuil, qui était, à nos yeux, la partie la plus remarquable du nouveau dispositif mécanique, il n'avait pas moins de 14 mètres de longueur, 1 mètre 75 de hauteur et un poids de 42,000 kilogrammes. Il pouvait faire 30 tours à la minute. Il était creusé de 48 spires en fer forgé, dont la profondeur allait en décroissant, comme le diamètre du câble.

L'attache du câble à la nacelle était semblable à celle qui existait dans le ballon captif de 1867, et qui fut si remarquée. Dans la cour des Tuileries on avait creusé une cavité circulaire, dans laquelle descendait et s'élevait la nacelle. Le câble, partant du treuil, venait aboutir à cette cavité, à cette sorte de bassin, par un grand tunnel souterrain.

Ce tunnel n'avait pas moins de 60 mètres de longueur, 12 mètres de largeur et 3 mètres de hauteur. Il était destiné à conduire le câble au cercle de suspension. Il débouchait au fond de la cavité circulaire, dont les parois étaient inclinées de manière que la corde ne vînt jamais frapper sur les bords.

Le mode de suspension de la nacelle était remarquable d'élégance et de sûreté. C'est le système connu sous le nom de *poulie à mouvement universel.* La corde, avant de s'attacher à la nacelle, passe sur une poulie, rendue mobile par le système de suspension connu en mécanique sous le nom de *suspension à la Cardan.* C'est un axe articulé ou doublement coudé, qui permet à la poulie de tourner sur elle-même, de manière à pouvoir suivre, sans que le câble ait à s'en ressentir, tous les mouvements de la nacelle et par conséquent du ballon.

La poulie mesurait 1 mètre 60 de diamètre, et l'appareil tout entier avait 4 mètres de hauteur.

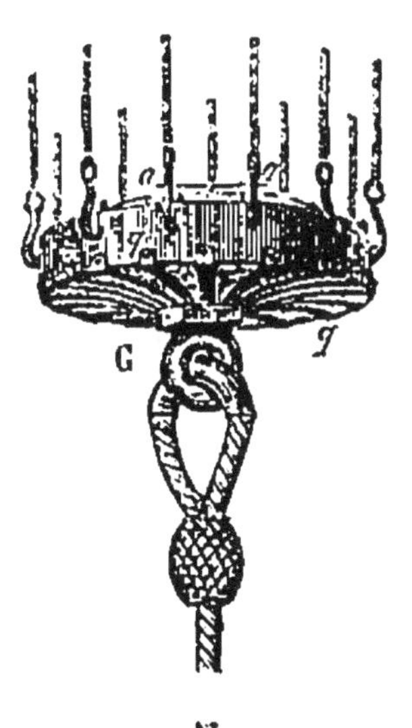

Système de suspension du ballon captif de Henri Giffard.

Nous représentons ici ce curieux mode d'attache. AB

est la poulie mobile au point d'articulation E; F est un simple contre-poids, destiné à équilibrer la poulie, de manière que les mouvements de ce système n'exigent le développement d'aucune force, et que tout se borne à détruire l'équilibre établi. CD est l'axe de suspension fixe.

Les ballons ordinaires sont gonflés avec le gaz d'éclairage; mais la puissance ascensionnelle du gaz d'éclairage est trop faible pour que l'on s'en fût contenté. C'était donc avec du gaz hydrogène pur qu'avait été rempli le ballon captif.

Le gaz hydrogène était obtenu par la réaction de l'acide sulfurique étendu d'eau sur le fer.

Les ascensions commencèrent dans les premiers jours du mois d'août 1878, et se terminèrent dans les premiers jours de novembre. Elles durèrent donc trois mois. On payait à la grille de la cour des Tuileries un droit d'entrée de 1 franc, et 20 francs pour l'ascension, laquelle durait environ 15 à 20 minutes, montée et descente. En quittant l'aérostat, chaque personne recevait une médaille de bronze, commémorative de son ascension.

Le ballon captif fut livré au public pendant 100 jours, sur lesquels il y eut, par suite de mauvais temps, 28 jours où il ne put pas fonctionner.

Pendant ces 72 jours de fonctionnement, 35,000 voyageurs, dont 28,000 payants, accomplirent la promenade aérienne. La moyenne des ascensionnistes fut de 500 par jour.

Enfin le nombre des ascensions s'éleva à 1,033.

Le ballon fut dégonflé le 7 novembre 1878, et remisé, pour servir, en 1879, à de nouvelles ascensions captives.

En effet, les ascensions furent reprises pendant l'été

de 1879; mais le mauvais temps entrava quelque peu les évolutions de ce colosse des airs, et, le 18 août, un coup de vent terrible vint mettre fin à sa carrière. Sous l'impulsion d'une bourrasque subite, l'étoffe se déchira de bas en haut, dans toute sa longueur. La place du Carrousel fut infectée, pendant un instant, par l'odeur désagréable du gaz qui s'était échappé. Il fallut moins d'une minute pour que le ballon s'affaissât complètement.

On le vit, pendant quelques jours, étendu à terre, entouré de son filet. Quant à la nacelle, rien ne l'avait dérangée; elle resta sur des supports qui étaient toujours disposés pour la tenir au repos.

Les précautions qui avaient été prises avant l'événement empêchèrent tout accident. Personne ne se trouvait du côté où le ballon s'abattit.

CHAPITRE XIX

Suite des recherches faites pour obtenir la direction des ballons. — Le ballon électrique dirigeable construit par les frères Tissandier en 1881. — Expériences et recherches des capitaines Renard et Krebs à l'École aérostatique de Meudon, de 1883 à 1885.

Reprenons l'histoire des recherches ayant trait à la direction des ballons, sujet dont nous nous sommes écarté un moment, pour raconter l'intéressante série de travaux de Henri Giffard sur le ballon captif.

On vit à l'Exposition d'électricité de Paris, en 1881, le premier modèle d'un aérostat dirigeable, mû par l'électricité. Il avait été construit par les frères Gaston et Albert Tissandier. Le courant électrique qui actionnait l'hélice motrice était engendré par la pile au bichromate de potasse.

Ce modèle minuscule fut exécuté en grand, en 1883, et les expériences faites à cette époque démontrèrent qu'il était possible, avec une hélice mise en action par l'électricité, de faire obéir le ballon à un gouvernail.

C'est le 8 octobre 1883 qu'eut lieu la première expérience de cet aérostat dirigeable, qui, par sa forme, rappelle sensiblement le ballon de Henri Giffard et celui de Dupuy de Lôme, comme il est facile de le reconnaître en examinant le dessin que nous en donnons. Il a 28 mètres de longueur et 9^{m},20 de diamètre au milieu. Il est muni, à sa partie inférieure, d'un cône d'appendice, terminé par une soupape automatique. Le tissu est de la percaline, rendue imperméable par un vernis. Son volume est de 1,060 mètres cubes.

La nacelle a la forme d'une cage. Elle est composée de bambous assemblés, consolidés par des cordes et des fils de cuivre, recouverts de gutta-percha. La partie inférieure de la nacelle est formée de traverses de bois de noyer, qui servent de support à un fond de vannerie d'osier. Les cordes de suspension enveloppent entièrement la nacelle.

L'aérostat, avec ses soupapes, ne pèse que 170 kilogrammes. La housse, le gouvernail et les cordes de suspension, pèsent 70 kilogrammes. Les brancards flexibles latéraux pèsent 34 kilogrammes; la nacelle a un poids de 100 kilogrammes. Moteur, hélice et piles, avec le liquide pour les faire fonctionner pendant deux heures et demie, pèsent 280 kilogrammes. Ainsi, le poids total du matériel fixe est de 704 kilogrammes, auxquels il faut ajouter deux voyageurs, avec instruments (150 kilogrammes) ainsi que le poids du lest enlevé (386 kilogrammes). En tout 1,240 kilogrammes.

La force ascensionnelle est de 1,250 kilogrammes, en comptant 10 kilogrammes d'excès de force pour l'ascension. Le gaz avait donc une force ascensionnelle de 1,180 grammes par mètre cube, ce qui était consi-

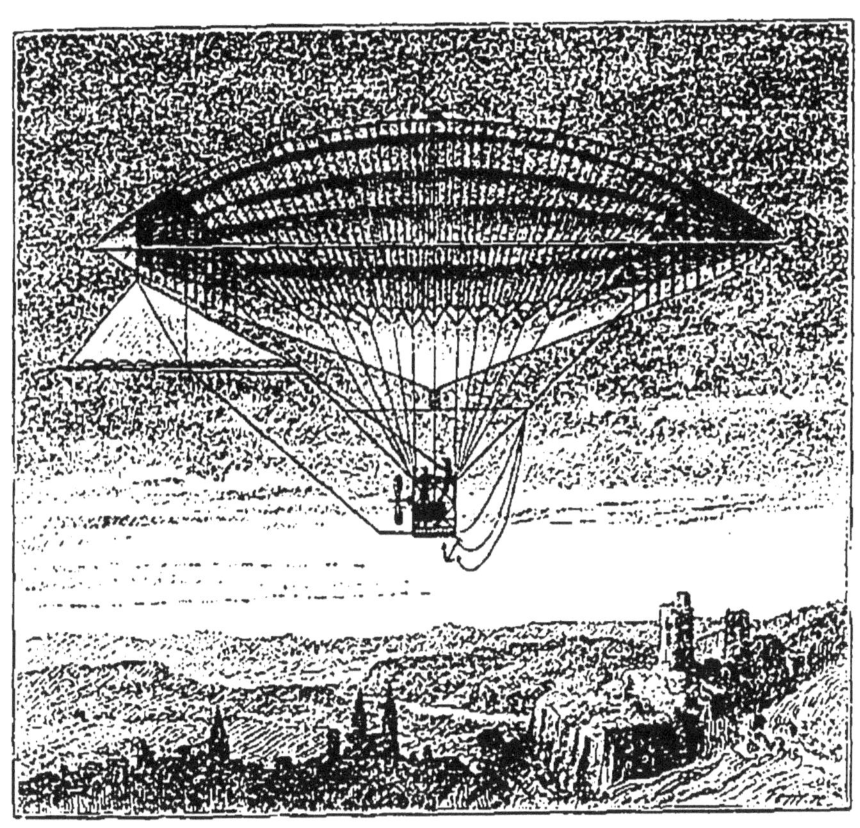

Aérostat électrique dirigeable de MM. Gaston et Albert Tissandier (Longueur 28 mètres), 1883.

dérable. C'est que le gaz hydrogène préparé par MM. Tissandier est presque pur, il est obtenu au moyen de l'acide sulfurique, de l'eau, du fer, dans un appareil de dispositions nouvelles.

La force électrique est produite par 24 éléments de pile au bichromate de potasse.

A 3 heures 20 minutes, les voyageurs aériens s'élevèrent lentement, par un vent faible de E.-S.-E. A 500 mètres de hauteur, la vitesse de l'aérostat était de 3 mètres par seconde.

Quelques minutes après le départ, la batterie de piles fonctionnait. Elle était composée de quatre auges, à six compartiments. Un commutateur à mercure permettait de faire fonctionner à volonté six, douze, dix-huit ou vingt-quatre éléments, et d'obtenir ainsi quatre vitesses différentes de l'hélice, variant de soixante à cent quatre-vingts tours à la minute.

Au-dessus du bois de Boulogne, quand le moteur fonctionnait à grande vitesse, la translation devint appréciable. On sentait un vent frais, produit par le déplacement de l'aérostat.

Quand le ballon faisait face au vent, sa pointe de l'avant étant dirigée vers le clocher de l'église d'Auteuil, voisine du point de départ, il tenait la tête au courant aérien, et restait immobile. Malheureusement, les mouvements giratoires ne pouvaient être maîtrisés par le gouvernail.

En coupant le vent dans une direction perpendiculaire à la marche du courant aérien, le gouvernail se gonflait comme une voile, et les rotations se produisaient avec beaucoup plus d'intensité encore.

Le moteur ayant été arrêté, le ballon passa au-dessus du mont Valérien. Une fois qu'il eut bien pris l'allure du vent, on recommença à faire tourner l'hélice, en marchant avec le vent. La vitesse de translation s'accéléra alors; l'action du gouvernail faisait dévier le ballon à droite et à gauche de la ligne du vent.

La descente s'opéra à 4 heures et demie, dans une grande plaine avoisinant Croissy-sur-Seine. L'aérostat resta gonflé toute la nuit, et le lendemain, il n'avait pas perdu de gaz.

Il résulte de cette expérience :

Que l'électricité fournit à un aérostat un moteur, qu'il est facile de manier dans la nacelle;

Que, dans le cas particulier de l'aérostat électrique expérimenté le 8 octobre 1883, quand l'hélice de 2m,80 de diamètre tournait avec une vitesse de 180 tours à la minute, avec un travail excessif de 100 kilogrammètres, les aéronautes ont tenu tête à un vent de 3 mètres à la seconde, et qu'en suivant le courant ils ont très facilement dévié de la ligne du vent.

Nous avons rapporté avec quelques détails l'expérience faite par MM. Gaston et Albert Tissandier, le 8 octobre 1883, et décrit leur aérostat électrique, parce que l'un et l'autre ont servi de modèle aux essais du même genre qui ont été faits en 1884, par MM. Renard et Krebs.

Les deux capitaines de l'école aérostatique militaire de Meudon ont construit un aérostat électrique dirigeable, ayant à peu près la même forme que celui de MM. Tissandier, et mû également par l'électricité, fournie par une pile au bichromate de potasse.

La première expérience eut lieu le 9 août 1884. Après un parcours de 7 kilomètres, qui fut effectué en 23 minutes, le ballon revint atterrir à son point de départ. C'était un résultat important, car jusque-là aucun ballon n'avait opéré son retour au point de départ.

Le 12 septembre 1884, MM. Renard et Krebs firent une seconde expérience, mais elle n'eut pas le succès qu'on en attendait. On ne put lutter contre le vent, et l'on dut atterrir, sans avoir effectué le retour au lieu d'embarquement.

Cependant, le 8 octobre 1884, les deux expérimentateurs prirent leur revanche de leur échec du mois de septembre.

Vers midi, l'aérostat dirigeable construit dans l'atelier de Chalais (Meudon) s'élevait lentement, au-dessus de la pelouse des départs.

Arrivé à une certaine hauteur, le ballon commença à se mouvoir, sous l'influence de son hélice, dont la vitesse s'accéléra peu à peu. Après un premier virage, l'aérostat se dirigea, en droite ligne, vers le viaduc de Meudon, qu'il franchit bientôt. Une légère brise du nord-ouest lui fit traverser la Seine, en aval du pont de Billancourt.

Il s'engagea sur la rive droite, pendant quelques minutes encore, dans la direction de Longchamps, et s'arrêta brusquement à 500 ou 600 mètres du fleuve.

Les aéronautes s'abandonnèrent alors au courant aérien, probablement pour mesurer sa vitesse. Après cinq minutes d'arrêt, l'hélice fut mise en mouvement; le ballon décrivit un demi-cercle, et se dirigea vers son point de départ, avec une rectitude parfaite.

Il traversa Meudon assez rapidement, et après quarante-cinq minutes de voyage, il descendit sur la pelouse de départ, sans difficulté apparente.

Après deux heures de repos, les aéronautes montaient une deuxième fois dans leur nacelle, et exécutaient, dans les environs de Chalais, de nouvelles évolutions. Le brouillard qui s'élevait les empêcha sans doute de s'éloigner davantage. On vit alors l'aérostat évoluer à droite et à gauche, s'arrêter, repartir, et finalement, atterrir encore une fois sur la pelouse d'où il s'était élevé.

De leur côté, MM. Gaston et Albert Tissandier ne restaient pas inactifs. Ils reprirent, en 1884, les expériences commencées en 1883.

Le 26 septembre 1884, ils faisaient, avec leur ballon dirigeable, une ascension qu'un succès complet vint couronner.

Laissons parler les auteurs eux-mêmes, décrivant cette intéressante expérience :

« L'ascension a eu lieu à 4 heures 20 minutes. A 400 mètres d'altitude, nous avons été entraînés par un vent assez vif du nord-est, et aussitôt l'hélice a été mise en mouvement, d'abord à petite vitesse. Quelques minutes après, tous les éléments de la pile montés en tension ont donné leur maximum de débit. Grâce aux dimensions plus volumineuses de nos lames de zinc et à l'emploi d'une dissolution de bichromate de potasse plus chaude, plus acide et plus concentrée, il nous a été donné de disposer d'une force motrice effective de un cheval et demi avec une rotation de l'hélice de 190 tours à la minute.

« L'aérostat a d'abord suivi presque complètement la ligne du vent, puis il a viré de bord sous l'action du gouvernail et, décrivant une demi-circonférence, il a navigué vent debout. En prenant des points de repère sur la verticale, nous constations que nous nous rapprochions lentement mais sensiblement de la direction d'Auteuil (notre point de départ), ayant une complète stabilité de route. La vitesse du vent était environ de 3 mètres à la seconde, et notre vitesse propre, un peu supérieure, atteignait à peu près 4 mètres à la seconde. Nous avons ainsi remonté le vent au-dessus du quartier de Grenelle, pendant plus de 15 minutes.

« Après notre première évolution, la route fut changée et l'avant du ballon tenu vers l'Observatoire.

« On nous vit recommencer, dans le quartier du Luxembourg, une manœuvre de louvoyage semblable à la précédente, et l'aérostat, la pointe en avant contre le vent, a encore navigué à courant contraire.

« Après avoir séjourné pendant plus d'une heure au-dessus de Paris, l'hélice a été arrêtée, et l'aérostat, laissé à lui-même, tout en étant maintenu à une altitude à peu près constante, a été aussitôt entraîné par un vent assez rapide. Il passa au sud du bois de Vincennes, et à partir de cette localité il nous a été facile de mesurer, par le chemin parcouru au-dessus du sol, notre vitesse de translation, et d'obtenir ainsi très exactement celle du courant aérien lui-même.

« Cette vitesse variait de 3 à 5 mètres par seconde, elle a changé fréquemment au cours de notre expérience.

« Arrivés au-dessus de la Varenne Saint-Maur, au moment du coucher du soleil, nous avons profité d'une accalmie pour recommencer de nouvelles évolutions. L'hélice fut remise en mouvement, et l'aérostat, obéissant docilement à son action, remonta avec beaucoup de facilité le courant aérien devenu plus faible. Si nous avions eu encore une heure devant nous, il ne nous aurait pas été impossible de revenir à Paris. »

L'aérostat mesure, ainsi qu'il a été dit plus haut, 28 mètres de longueur et $9^{m},20$ de diamètre au milieu. Son volume est de 1,060 mètres cubes.

Nous devons ajouter, pour compléter l'exposé de cette question, que MM. Renard et Krebs ont fait, le 20 septembre 1885, une nouvelle expérience de direction, qui a pleinement réussi.

Dans la figure qui suit, nous représentons l'aérostat électrique dirigeable des capitaines Renard et Krebs. En comparant cette figure à la précédente, on reconnaitra sans peine que, sauf les dimensions, qui sont beaucoup plus considérables pour le ballon sorti des ateliers militaires de Meudon, il y a peu de différence entre l'un et l'autre, et que tous deux procèdent également du ballon dirigeable construit à Paris en 1870, par Dupuy de Lôme, lequel, à son tour, dérivait, quant à la forme, du ballon dirigeable mû par la vapeur, construit en 1852, par Henri Giffard et monté par cet intrépide physicien.

Au point de vue purement mécanique, l'appareil moteur produisant la direction des ballons nous paraît acquis, grâce aux capitaines Renard et Krebs, qui ont

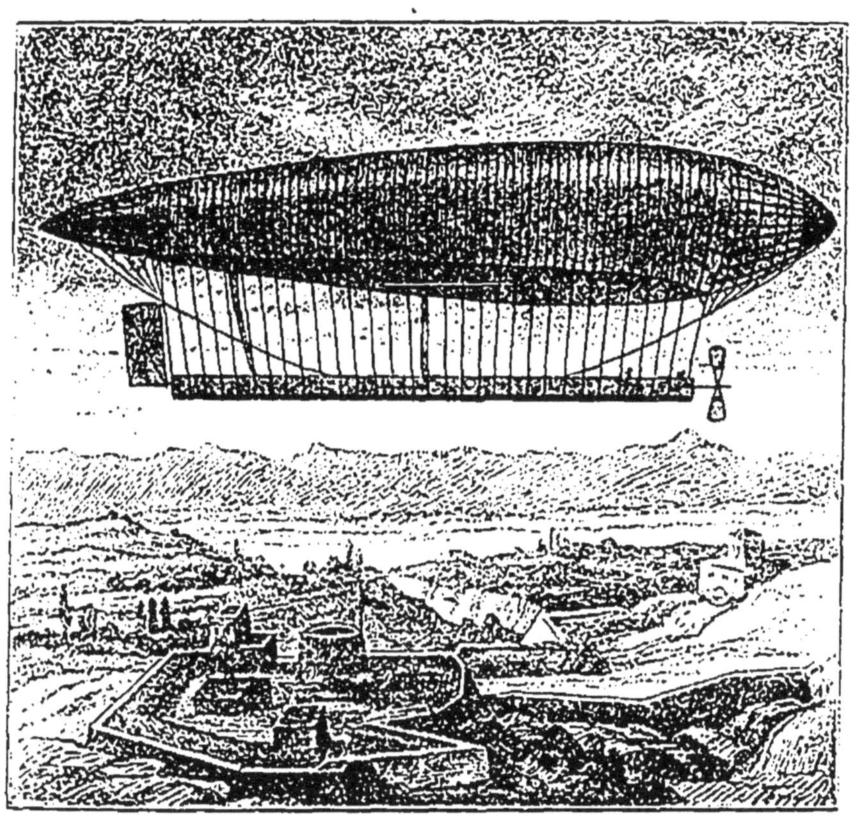

L'aérostat électrique dirigeable des capitaines Renard et Krebs (Longueur 52 mètres), 1884.

fait une heureuse synthèse des dispositions imaginées et employées avant eux par Giffard, Dupuy de Lôme et les frères Tissandier. Mais il importe de poser une réserve à l'approbation générale avec laquelle on a accueilli les expériences aérostatiques des capitaines de Meudon. Il faut s'empresser de dire que si l'appareil directeur est trouvé, le moteur est encore à découvrir, et que, par conséquent, le problème général de la direction des aérostats n'est point résolu.

En effet, qu'on le comprenne bien, le moteur qui doit actionner le ballon n'est toujours qu'un moteur électrique. Or, le moteur électrique a une action d'une durée si courte, qu'on ne peut réellement le considérer comme une force. Le moteur employé par les capitaines de Meudon, ainsi que par les frères Tissandier, est animé par le courant électrique, engendré lui-même par une pile au bichromate de potasse. Mais un tel courant dure à peine 4 à 5 heures. Au bout de ce temps, toute action s'arrête : il faut descendre. C'est pour cela que les aéronautes de Meudon n'ont jamais pu faire un voyage de plus de 5 à 6 heures. Peut-on prendre au sérieux une puissance motrice qui dure si peu de temps? En mécanique, une puissance qui ne dure pas n'est pas une puissance : c'est un effort momentané; mais, la durée lui faisant défaut, on peut lui refuser le nom de force proprement dite. A ce point de vue, le moteur de Dupuy de Lôme, qui consistait simplement dans les bras de quelques ouvriers, embarqués avec l'aéronaute, était supérieur au moteur électrique, simple jouet, qui s'arrête, épuisé, au bout de quelques heures.

Si donc l'appareil directeur des ballons est aujourd'hui trouvé, le moteur fait encore défaut, et c'est vers ce but que devront se diriger les efforts des inventeurs.

Selon nous, un seul moteur répondrait aux conditions du problème, c'est-à-dire donnerait à la fois puissance et durée : c'est la machine à vapeur. Seulement, il faut chercher à disposer le foyer de manière à ne pas mettre le feu au gaz combustible renfermé dans l'aérostat. Le moyen est difficile, sans doute, mais il n'est pas au-dessus des ressources de l'art, puisque, il y a plus de trente ans, l'intrépide Giffard traversa les airs dans un ballon poussé par la machine à vapeur. Giffard a montré un exemple que les aéronautes n'ont qu'à suivre s'ils veulent créer la navigation aérienne. Si l'on continue à faire promener dans les airs, pendant une après-midi, des ballons, plus ou moins dirigeables, mus par ce jouet que l'on nomme le moteur électrique, on amusera les badauds, mais on ne fera pas avancer la question d'un pas. Dupuy de Lôme, dans son ballon dirigeable, construit à l'époque du siège de Paris, faisait tourner son hélice par des hommes embarqués à bord. Ce genre de moteur, s'il n'était pas très puissant, avait au moins pour lui la continuité d'action. On n'était pas obligé de descendre à terre, après 4 ou 5 heures de voyage. Le progrès réalisé par MM. Tissandier d'une part, d'autre part par MM. Renard et Krebs, se réduit donc à peu de chose, en ce qui concerne le moteur.

CHAPITRE XX

L'aérostation dans les fêtes publiques. — Le ballon du couronnement. — Nécrologie de l'aérostation. — Mort de madame Blanchard. — Zambeccari. — Harris. — Salder. — Olivari. — Mosment. — Bittorf. — Émile Deschamps. — Le lieutenant Gale. — L'aéronaute Arban. — Le jeune Guérin ou l'aéronaute malgré lui. — Green et l'échappé de Bedlam.

La question scientifique n'est pas celle qui a tenu la plus grande place, tant s'en faut, dans l'aérostation. On a fait plus souvent des ballons un moyen d'amuser les foules qu'un instrument d'études de météorologie ou de physique terrestre. C'est cette période particulière de l'histoire des ballons, la période anecdotique, pour ainsi dire, que nous allons aborder.

Le métier d'aéronaute a eu ses célébrités. On peut citer comme exemples les noms de madame Blanchard, de Jacques Garnerin, d'Élisa Garnerin, sa nièce, de Margat, de Charles Green et Georges Green, son fils.

Nous nous bornerons à signaler les ascensions de fêtes publiques qui ont marqué l'empreinte la plus vive dans les souvenirs du public.

A ce titre il faut parler d'abord du ballon qui fut lancé à Paris, à l'époque du couronnement de l'empereur Napoléon Ier.

Sous le Directoire et sous le Consulat, les grandes fêtes qui se donnaient à Paris étaient presque toujours terminées par quelque ascension aérostatique. Le soin de l'exécution de cette partie du programme était confié par le gouvernement à Jacques Garnerin, qui s'en acquittait avec autant de talent que de zèle. Jacques Garnerin était l'aéronaute officiel de l'empire, comme Dupuis-Delcourt fut, plus tard, l'aéronaute officiel de Louis-Philippe, et Eugène Godard, celui de l'empereur Napoléon III. L'ascension qui eut lieu à l'époque du couronnement de Napoléon Ier est restée justement célèbre : le gouvernement mit 30,000 francs à la disposition de Jacques Garnerin, pour lancer, après les réjouissances de la journée, un aérostat de dimension colossale.

Le 16 décembre 1804, à 11 heures du soir, au moment où un superbe feu d'artifice venait de faire étinceler dans les airs sa dernière fusée, le ballon construit par Garnerin s'éleva de la place Notre-Dame.

Trois mille verres de couleur illuminaient ce globe immense, qui était surmonté d'une couronne impériale richement dorée, et portait, tracée en lettres d'or sur sa circonférence, cette inscription : *Paris, 25 frimaire an XIII, couronnement de l'empereur Napoléon par Sa Sainteté Pie VII.* La colossale machine monta rapidement et disparut bientôt, au bruit des applaudissements de la population parisienne.

Le lendemain, à la pointe du jour, quelques habitants de Rome aperçurent un petit point lumineux brillant dans le ciel, au-dessus de la coupole de Saint-Pierre. D'abord très peu visible, il grandit rapidement et laissa apercevoir enfin un globe radieux planant majestueusement sur la ville éternelle. Il resta quelque temps stationnaire, puis il s'éloigna dans la direction du sud.

C'était le ballon lancé la veille, à Paris, du parvis Notre-Dame. Par le plus extraordinaire des hasards, le vent, qui soufflait, cette nuit-là, dans la direction de l'Italie, l'avait porté à Rome, dans l'intervalle de quelques heures.

Le ballon continua sa route dans la campagne romaine. Cependant il s'abaissa bientôt, toucha le sol, remonta, retomba, pour se relever une dernière fois, et vint s'abattre enfin dans les eaux du lac Bracciano. On s'empressa de retirer des eaux la machine à demi submergée.

Ainsi, le messager céleste avait visité dans le même jour les deux capitales du monde; il venait annoncer à Rome le couronnement de l'empereur, au moment où le pape était à Paris, au moment où Napoléon s'apprêtait à poser sur sa tête la couronne d'Italie.

Une autre circonstance vint ajouter encore au

merveilleux de l'événement. Le ballon, en touchant la terre dans la campagne de Rome, s'était accroché aux restes d'un monument antique. Pendant quel-

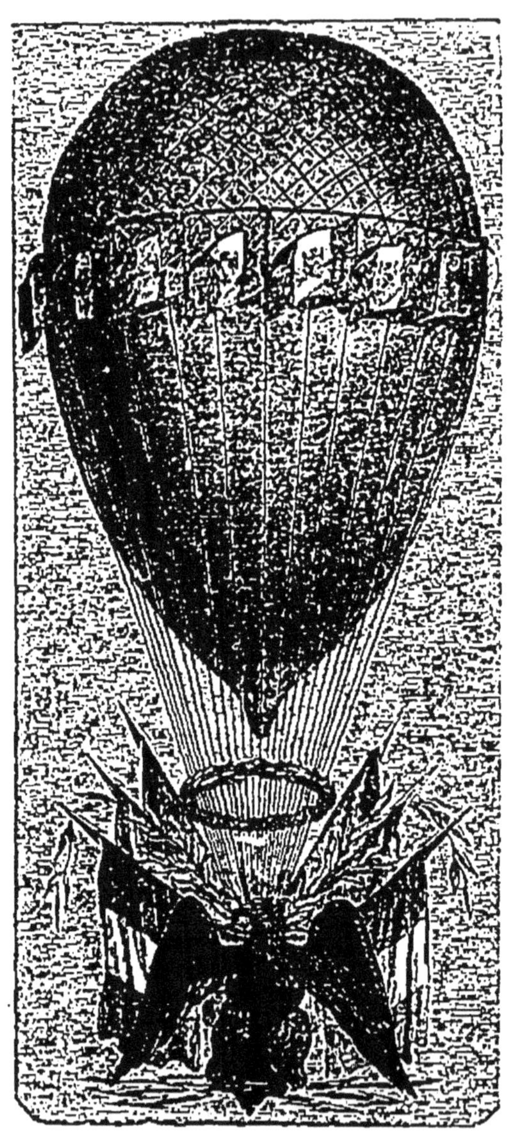

Le ballon du couronnement de Napoléon Ier.

ques minutes, il parut devoir terminer là sa route; mais le vent l'ayant soulevé, il se dégagea et remonta, laissant seulement accrochée à l'un des angles du monument une partie de la couronne impériale.

Ce monument était le tombeau de Néron.

On devine sans peine que ce dernier fait donna lieu, en France et en Italie, à toutes espèces de réflexions et de commentaires. On ne se fit pas scrupule d'établir des rapprochements et de faire des allusions sans fin à propos de cette couronne impériale qui était venue se briser sur le tombeau d'un tyran.

Tous ces bruits vinrent aux oreilles de Napoléon, qui ne cacha pas son mécontentement et la mauvaise humeur qu'il en ressentait. Il demanda qu'il ne fût plus question devant lui de Garnerin ni de son ballon; et à dater de ce jour, Garnerin cessa d'être employé comme aéronaute officiel.

Quant au ballon qui avait causé tant de rumeurs, il fut suspendu à Rome, à la voûte du Vatican, où il demeura jusqu'en 1814. On composa une longue inscription latine, qui rappelait tous les détails de son miraculeux voyage. Seulement, l'inscription ne disait rien de l'épisode du tombeau de Néron.

Dans cette période d'exhibitions industrielles, l'aérostation a eu ses désastres, aussi bien que ses triomphes, et nous ne pouvons nous dispenser de rappeler les faits principaux qui résument la nécrologie de cet art périlleux.

L'événement qui, sous ce rapport, a le plus vivement impressionné le public, est, sans contredit, la mort de madame Blanchard.

Madame Blanchard était la veuve de l'aéronaute de ce nom. Après avoir amassé une fortune considérable dans le cours de ses innombrables ascensions, Blanchard avait tout perdu, et était mort dans la misère. Cet homme, qui avait recueilli des millions, disait à sa femme, peu de temps avant sa mort : « Tu « n'auras après moi, ma chère amie, d'autre ressource « que de te noyer ou de te pendre. » Mais sa veuve fut mieux avisée ; elle rétablit sa fortune en embrassant la carrière de son mari. Elle fit un très grand nombre de voyages aériens, et finit par acquérir une telle habitude de ces périlleux exercices, qu'il lui arrivait souvent de s'endormir pendant la nuit dans son étroite nacelle, et d'attendre ainsi le lever du jour, pour opérer sa descente. Dans l'ascension qu'elle fit à Turin, en 1812, elle eut à subir un froid si excessif, que les glaçons s'attachaient à ses mains et à son visage.

Ces dangers ne faisaient que redoubler son ardeur. En 1817, elle exécutait à Nantes sa cinquante-troisième ascension, lorsque, ayant voulu descendre dans la plaine, à quatre lieues de la ville, elle tomba au milieu d'un marais. Comme son ballon s'était accroché aux branches d'un arbre, elle y aurait péri, si l'on ne fût venu la dégager.

Cet événement était le présage de la catastrophe qui lui coûta la vie.

Le 6 juillet 1819, madame Blanchard s'éleva, au milieu d'une fête donnée au jardin Tivoli de la rue Saint-Lazare. Elle emportait avec elle un parachute muni d'une couronne de flammes de Bengale, afin de donner au public le spectacle d'un feu d'artifice descendant du milieu des airs. Elle tenait à la main une *lance à feu*, pour allumer ses pièces. Un faux mouvement mit l'orifice du ballon en contact avec la lance à feu : le gaz hydrogène s'enflamma. Aussitôt une immense colonne de feu s'éleva au-dessus de la machine, et frappa d'effroi les nombreux specta-

Mort de madame Blanchard.

teurs, réunis à Tivoli et dans le quartier Montmartre.

On vit alors distinctement madame Blanchard essayer d'éteindre l'incendie en comprimant l'orifice inférieur du ballon : puis, reconnaissant l'inutilité de ses efforts, elle s'assit dans la nacelle et attendit. Le gaz brûla pendant plusieurs minutes, sans se communiquer à l'enveloppe du ballon. La rapidité de la descente était très modérée, et il n'est pas douteux que, si le vent l'eût dirigée vers la campagne, madame Blanchard serait arrivée à terre sans accident. Malheureusement il n'en fut pas ainsi : le ballon vint s'abattre sur Paris; il tomba sur le toit d'une maison de la rue de Provence. La nacelle glissa sur la pente du toit, du côté de la rue.

« A moi! » cria madame Blanchard.

Ce furent ses dernières paroles. En glissant sur le toit, la nacelle rencontra un crampon de fer; elle s'arrêta brusquement, et, par suite de cette secousse, l'infortunée aéronaute fut précipitée hors de la nacelle, et tomba, la tête la première, sur le pavé. On la releva le crâne fracassé; le ballon, entièrement vide, pendait, avec son filet, du haut du toit, jusque dans la rue.

Un autre martyr de l'aérostation fut le comte François Zambeccari, noble habitant de Bologne.

Zambeccari s'était consacré de bonne heure à l'étude des sciences. A vingt-cinq ans, il prit du service dans la marine royale d'Espagne. Mais il eut le malheur, en 1787, pendant le cours d'une expédition contre les Turcs, d'être pris avec son bâtiment. Il fut envoyé au bagne de Constantinople, et y languit pendant trois ans. Au bout de ce temps, il fut mis en liberté, sur les réclamations de l'ambassade d'Espagne.

Pendant les loisirs de sa captivité, Zambeccari avait

étudié la théorie de l'aérostation. De retour à Bologne, il composa, sur cette question, un petit ouvrage qu'il soumit à l'examen des savants de son pays. Ses travaux furent appréciés par le gouvernement pontifical, qui mit différentes sommes à sa disposition, pour lui permettre de continuer ses recherches.

Zambeccari se servait d'une lampe à esprit-de-vin, dont il dirigeait à volonté la flamme : il espérait, à l'aide de ce moyen, guider à son gré la machine, une fois qu'elle se trouverait en équilibre dans l'atmosphère.

Ce système est décrit dans un rapport adressé à la *Société des sciences* de Bologne, le 22 août 1804. Zambeccari employait une lampe à esprit-de-vin, de forme circulaire, percée sur son pourtour de vingt-quatre trous garnis d'une mèche et surmontés de sortes d'éteignoirs, ou écrans, qui permettaient d'arrêter, à volonté, la combustion sur un des points de la lampe. Il est probable, quoique le rapport n'en dise rien, que le calorique ne se transmettait pas directement à l'air situé dans le voisinage du gaz, mais que l'on chauffait une enveloppe destinée à communiquer ensuite le calorique à l'air, et de là au gaz hydrogène. Dans ce rapport, signé de trois professeurs de physique de Bologne, Saladini, Canterzani et Avanzini, on s'attache à combattre les craintes qu'occasionnait l'existence d'un foyer près du gaz hydrogène.

On prétend que Zambeccari s'est dirigé au moyen de son appareil, et qu'il a pu décrire un cercle en planant au-dessus de la ville de Bologne. Des extraits de ce rapport sont donnés au tome IV, p. 314, des *Souvenirs d'un voyage en Livonie*, de Kotzebue.

Nous n'avons pas besoin de faire remarquer l'excessive imprudence que présentait ce système. Placer une lampe à esprit-de-vin allumée, dans le voisinage d'un gaz combustible, c'était provoquer volontairement les dangers dont Pilâtre de Rozier avait été la victime.

L'événement ne justifia que trop ces craintes. Pendant la première ascension que Zambeccari exécuta à Bologne, son aérostat vint heurter contre un arbre; la lampe se brisa par le choc, l'esprit-de-vin se répandit sur ses vêtements, et s'enflamma. Zambeccari fut couvert de feu, et c'est dans cette situation effrayante que les spectateurs le virent disparaître au delà des nuages. Il réussit néanmoins à arrêter les progrès de cet incendie, et redescendit, mais couvert de cruelles blessures.

En dépit de cet accident, Zambeccari persista dans son projet.

Toutes ses dispositions étant prises, l'ascension, dans laquelle il devait faire l'essai de son appareil, fut fixée au 7 septembre 1804. Il avait reçu du gouvernement une avance de huit mille écus. Des obstacles et des difficultés de tout genre vinrent contrarier les préparatifs de son voyage. Malgré le fâcheux état où se trouvait son ballon à moitié détruit par le mauvais temps, il se décida à partir.

Il avait pris pour compagnons de voyage deux de ses compatriotes, Andreoli et Grassetti. Il se proposait de demeurer quelques heures en équilibre dans l'atmosphère, et de redescendre au lever du jour. Mais après avoir plané quelque temps, tout à coup ils se trouvèrent emportés avec une rapidité inconcevable vers les régions supérieures. Le froid excessif qui régnait à cette hauteur et l'épuisement où se trouvait Zambeccari, qui n'avait pris aucune nourriture depuis vingt-quatre heures, lui occasionnèrent une défaillance; il tomba dans la nacelle, dans une sorte de sommeil semblable à la mort. Il en arriva autant à son compagnon Grassetti. Andreoli, seul, qui, au moment de partir, avait eu la précaution de faire un bon repas et de se gorger de rhum, resta éveillé, bien qu'il souffrît considérablement du froid. Il reconnut, en examinant le baromètre, que l'aérostat commençait à descendre avec une assez grande rapidité; il essaya alors de réveiller ses deux compagnons, et réussit, après de longs efforts, à les remettre sur pied.

Il était 2 heures du matin; les aéronautes avaient jeté, comme inutile, la lampe à esprit de-vin destinée à les diriger. Plongés dans une obscurité presque totale, ils ne pouvaient examiner le baromètre qu'à la faible lueur d'une lanterne. Mais la bougie ne pouvant brûler dans un air aussi raréfié, sa lumière s'affaiblit peu à peu, et elle finit par s'éteindre. Ils se trouvèrent alors dans une obscurité complète.

L'aérostat continuait de descendre lentement, à travers une couche épaisse de nuages. Ces nuages dépassés, Andreoli crut entendre dans le lointain le sourd mugissement des flots. Ils prêtèrent l'oreille tous les trois, et reconnurent que c'était le bruit de la mer. En effet, ils tombaient dans l'Adriatique.

Il était indispensable d'avoir de la lumière, pour examiner le baromètre et reconnaître quelle distance les séparait encore de l'élément terrible qui les menaçait. Andreoli réussit, mais avec infiniment de peine, à l'aide du briquet, à rallumer la lanterne. Il était 3 heures de la nuit, le bruit des vagues augmentait de minute en minute, et les aéronautes reconnurent avec effroi qu'ils étaient à quelques mètres à peine au-dessus de la surface des flots. Zambeccari saisit un gros sac de lest; mais, au moment de le jeter, la nacelle s'enfonça dans la mer, et ils se trouvèrent tous dans l'eau.

Aussitôt ils rejetèrent loin d'eux tout ce qui pouvait alléger la machine : toute la provision de lest, leurs instruments, et une partie de leurs vêtements. Déchargé d'un poids considérable, l'aérostat se releva tout d'un coup. Il remonta avec une telle rapidité, il s'éleva à une si prodigieuse hauteur, que Zambeccari, pris de vomissements subits, perdit connaissance. Grasselli eut une hémorragie du nez, sa poitrine était oppressée et sa respiration presque impossible. Comme ils étaient trempés jusqu'aux os, au moment où la machine les avait emportés, le froid les saisit, et leur corps se trouva en un instant couvert d'une couche de glace. La lune leur apparaissait comme enveloppée d'un voile de sang. Pendant une demi-heure, la machine flotta dans ces régions immenses, et se trouva portée à une incommensurable hauteur. Au bout de ce temps, elle se mit à redescendre, et ils retombèrent dans la mer.

Ils se trouvaient à peu près au milieu de l'Adriatique, la nuit était obscure et les vagues fortement agitées. La nacelle était à demi enfoncée dans l'eau, et ils avaient la moitié du corps plongée dans la mer. Quelquefois les vagues les couvraient entièrement. Heureusement, le ballon, encore à demi gonflé, les empêchait de s'enfoncer davantage. Mais l'aérostat, flottant sur les eaux, formait une sorte de voile où s'engouffrait le vent, et pendant plusieurs heures ils se trouvèrent ainsi traînés et ballottés à la surface des flots.

Malgré l'obscurité de la nuit, ils crurent un moment apercevoir à une faible distance un bâtiment qui se dirigeait de leur côté; mais bientôt le bâtiment s'éloigna à force de voiles, et laissa les malheureux naufragés dans une angoisse épouvantable, mille fois plus cruelle que la mort.

Le jour parut enfin. Ils se trouvaient vis-à-vis de Pezzaro, à une lieue environ de la côte. Ils se flattaient d'y aborder, lorsqu'un vent de terre, qui se leva tout à coup, les repoussa vers la pleine mer. Il était grand jour et ils ne voyaient autour d'eux que le ciel et l'eau, et une mort inévitable. Quelques bâtiments se montraient par intervalles; mais du plus loin qu'ils apercevaient cette machine flottante et qui brillait sur l'eau, les matelots, saisis d'effroi, s'empressaient de s'éloigner. Il ne restait aux malheureux naufragés d'autre espoir que d'aborder sur les côtes de la Dalmatie, qu'ils entrevoyaient à une grande distance.

Cet espoir était bien faible, et ils auraient infailliblement péri, si un navigateur plus instruit sans doute que les précédents, reconnaissant la machine pour un ballon, n'eût envoyé en toute hâte sa chaloupe. Les matelots jetèrent un câble, les aéronautes l'attachèrent à la nacelle, et ils furent, de cette manière, hissés, à demi morts, sur le bâtiment. Débarrassé de ce poids, le ballon fit effort pour remonter dans les airs; on essaya de le retenir; mais la chaloupe était fortement secouée, le danger devenait imminent et les matelots se hâtèrent de couper la corde. Aussitôt le globe s'éleva et se perdit dans les nues.

Il était 8 heures du matin quand ils arrivèrent à bord du vaisseau. Grassetti donnait à peine quelques signes de vie, ses deux mains étaient mutilées. Zambeccari, épuisé par le froid, la faim et tant d'angoisses horribles, était aussi presque sans connaissance et, comme Grassetti, il avait les mains mutilées. Le brave marin qui commandait le navire prodigua à ces malheureux tous les soins que réclamait leur état. Il les conduisit au port de Ferrada, d'où ils furent transportés ensuite dans la ville de Pola. Les blessures que Zambeccari avait reçues à la main avaient pris tant de gravité, qu'un chirurgien dut lui pratiquer l'amputation de trois doigts.

Quelques mois après, Kotzebue eut occasion de voir Zambeccari, qui, guéri de ses blessures, était revenu à Bologne. Dans ses *Souvenirs d'un voyage en Livonie*, Kotzebue raconte une visite qu'il fit à l'intrépide aéronaute, et il ne cesse d'admirer son héroïsme et son courage : « C'est un homme, dit-il, dont la physionomie annonce bien ce qu'il a fait depuis longtemps : ses regards sont des pensées. »

Après avoir couru de si terribles dangers, Zambeccari aurait dû être dégoûté à jamais de semblables entreprises. Il n'en fut rien, car, à peine remis, il recommença ses ascensions. Comme sa fortune ne lui permettait pas d'entreprendre les dépenses nécessaires à la construction de ses ballons, et que ses compatriotes lui refusaient tout secours, il s'adressa au roi de Prusse, qui lui procura les moyens de poursuivre ses projets.

Le 21 septembre 1812, Zambeccari fit, à Bologne, une nouvelle expérience. Mais elle eut cette fois une issue fatale. Son ballon s'accrocha à un arbre, la lampe à esprit-de-vin, à laquelle il n'avait pas renoncé, mit le feu à la machine, et l'infortuné aéronaute fut précipité sur le sol, à demi consumé.

La mort de madame Blanchard et celle de Zambeccari ne sont pas les seuls malheurs qui aient attristé l'histoire de l'aérostation.

Suicide de Harris.

Harris, ancien officier de la marine anglaise, avait embrassé la carrière d'aéronaute, et il avait fait, avec Graham, plusieurs ascensions publiques. Il fit lui-même construire un ballon, auquel il ajouta de prétendues améliorations, qui avaient sans doute été mal conçues. Le fait est qu'il perdit la vie dans les circonstances dramatiques que nous allons raconter.

Le 8 mai 1824, Harris partit du Wauxhall de Londres, accompagné d'une jeune dame, qu'il aimait passionnément. Arrivé au plus haut de sa course, et voulant redescendre, il tira la corde qui aboutissait à la soupape, afin de perdre une partie du gaz et de descendre d'une manière lente et graduelle. Mais il y avait sans doute dans la soupape quelque vice de construction, car une fois ouverte, elle ne put se refermer, et le gaz continua de s'échapper rapidement. Malgré tous ses efforts, Harris ne put parvenir à atteindre jusqu'à la soupape, et l'aérostat se mit à descendre avec une rapidité effrayante.

Il commença par jeter tous les sacs de lest qu'il avait emportés, et tout ce qui était susceptible d'alléger l'aérostat. Mais le ballon tombait toujours avec une vitesse excessive. Il jeta jusqu'à ses vêtements; mais rien ne pouvait arrêter cette terrible chute, qui allait bientôt les briser tous les deux contre la terre.

Si le ballon n'eût porté qu'un voyageur, son salut était assuré. L'héroïsme de l'amour inspira, en ce moment, à Harris un sacrifice suprême. Il embrassa sa compagne, et se précipita dans l'espace.

La jeune femme, terrifiée, le vit tourner dans le vide, comme un oiseau frappé par le plomb du chasseur, et tomba évanouie dans la nacelle.

Allégé de ce poids, le ballon, bien qu'il perdît toujours son gaz, descendit assez lentement, et arriva à terre sans occasionner la moindre secousse à la voyageuse, toujours évanouie dans la nacelle. Elle ne rouvrit les yeux qu'en se voyant entourée de paysans accourus pour lui porter secours. Le dévouement de Harris venait de l'arracher à une mort épouvantable.

Pendant la même année 1824 (le 29 septembre), un autre aéronaute anglais, Sadler, périt près de Boston. Ayant prolongé son ascension trop longtemps, il avait épuisé tous ses sacs de sable, et la nuit était venue lorsqu'il opéra sa descente, que l'absence de lest l'empêcha de diriger à sa volonté. Il fut poussé par le vent contre la cheminée d'un haut bâtiment, isolé dans la campagne. La violence de ce choc le précipita hors de la nacelle, sur le sol, où il fut brisé.

Le malheureux aéronaute avait déjà fait, sans accident, plus de soixante ascensions.

La nécrologie de l'aérostation doit encore enregistrer les noms d'Olivari, mort à Orléans en 1802; de Mosment, qui périt à Lille en 1806; de Bittorf, mort à Manheim, en 1812.

Olivari était parti, le 25 novembre 1802, dans une simple montgolfière de papier, fortifiée seulement par des bandes de toile. Une nacelle d'osier, suspendue au-dessous du réchaud, était remplie de boulettes de copeaux imprégnées de matières résineuses, destinées à alimenter le foyer.

Cette provision de combustibles placée dans la nacelle vint malheureusement à s'enflammer, par quelques tisons tombés du réchaud. La nacelle prit feu, elle embrasa la montgolfière, et l'infortuné Olivari fut jeté dans l'espace, couvert de cruelles brûlures.

L'aéronaute Mosment avait coutume de s'élever debout, sur un plateau de bois, suspendu, en guise de nacelle, à son ballon de gaz hydrogène. Le 7 avril 1806, dans une ascension publique, il voulut lancer du haut des airs un chien attaché à un parachute. Les oscillations du ballon, subitement délesté de ce poids, ou bien encore la résistance de l'animal qui se débattait dans le parachute, firent perdre l'équilibre à l'aéronaute, toujours debout sur son plateau. On retrouva son corps, le lendemain, à moitié recouvert de sable, dans un des fossés qui entourent la ville.

Comme Olivari, Bittorf périt en Allemagne, dans une montgolfière. Malgré les dangers depuis longtemps reconnus à ce genre d'appareils, Bittorf ne faisait jamais usage que d'une montgolfière de papier, doublée de toile, de la dimension de 16 mètres de diamètre, sur 20 mètres de hauteur. Il fit sa dernière expérience à Manheim, le 7 juillet 1812. Il s'élevait à peine, lorsque la montgolfière prit feu; il fut précipité sur une des dernières maisons de la ville, et se tua sur le coup.

On peut ajouter sur cette liste funèbre le nom de l'aéronaute Émile Deschamps, qui, après avoir fait à Paris un grand nombre d'ascensions, périt à Nîmes, le 27 novembre 1853, par suite de la rupture subite de son ballon, occasionnée par la violence du vent, et le nom de George Gale, ancien lieutenant de la marine royale d'Angleterre, qui trouva la mort à Bordeaux, le 9 septembre 1850.

Arban, aéronaute français, avait plusieurs fois annoncé une ascension aux habitants de Trieste, mais, jusque-là, le mauvais temps l'avait empêché de mettre sa promesse à exécution. Cependant, le 8 septembre 1846, il se décida à accomplir le voyage.

Son aérostat fut transporté dans la cour de la caserne, et on le remplit de gaz hydrogène. Un ballon d'essai apprit que le vent soufflait du sud-ouest vers le nord-est, ce qui excluait toute crainte de le voir se diriger vers la mer.

Malheureusement, on n'avait préparé qu'une quantité insuffisante de gaz hydrogène; de sorte qu'au moment du départ le ballon n'eut pas la force d'enlever la nacelle avec l'aéronaute et les objets qu'il devait emporter. L'ascension avait été annoncée pour 4 heures; il en était six, et le ballon n'était pas parti. La foule s'impatientait; elle faisait entendre des murmures et des plaintes.

Arban s'imagine alors que son honneur est compromis et que le public l'accusera, s'il n'effectue pas son ascension, d'avoir voulu le tromper. Il prend aussitôt la résolution téméraire de partir sans la nacelle, en se tenant suspendu aux frêles cordages du filet du ballon. Sous un prétexte, il éloigne le commissaire de police autrichien qui se serait opposé à son départ dans de telles conditions. Il fait également retirer sa femme qui devait partir avec lui, comme elle l'avait déjà fait, non sans courage, à Vienne et à Milan. Ensuite, il détache la nacelle du ballon, lie ensemble les cordes qui la supportaient, se met à cheval sur ces cordes et ordonne de lâcher le ballon.

Se retenant de la main gauche au filet, le courageux Arban salue de la main droite la population de Trieste rassemblée autour de la caserne, stupéfaite de tant d'audace et admirant cet homme de cœur, qui donnait sa vie pour ne pas manquer à sa parole.

On le suivit longtemps des yeux, puis on le perdit de vue dans les nuages. Seulement, le vent avait changé, et l'on voyait très bien que le ballon planait au-dessus de l'Adriatique. Aussitôt, un grand nombre de barques et de canots sortirent du port, suivant la direction qu'avait prise l'aérostat. Mais la nuit arriva et il fallut revenir sans rapporter aucun renseignement sur le sort du malheureux aéronaute. Sa femme, désespérée, passa toute la nuit à l'attendre, à l'extrémité du môle.

Voici comment se termina cette tragique aventure. Toujours accroché aux cordages de l'aérostat, Arban flotta pendant deux heures au milieu des nuages, par-dessus l'Adriatique. Mais peu à peu, le ballon se dégonfla et descendit lentement. A 8 heures du soir, il rasait la surface des flots ; quelquefois même il venait reposer sur l'eau. La masse d'étoffe légère qui composait le ballon et le peu de gaz qu'il conservait encore lui permettaient de se soutenir sur l'eau. Jusqu'à 11 heures du soir, l'infortuné aéronaute lutta, autant que ses forces le lui permettaient, pour se défendre contre les vagues. Par intervalles, le ballon se relevait et, poussé par le vent, glissait à la surface de l'eau. Le malheureux Arban était ainsi constamment ballotté entre la vie et la mort.

Il se trouvait à deux kilomètres de Trao, sur la côte d'Italie.

Cette lutte épouvantable ne pouvait durer longtemps. Les forces du malheureux naufragé étaient à bout, quand il fut aperçu par deux pêcheurs, François

Salvagno de Chioga et son fils, partis tous les deux pour pêcher dans les eaux de Trao. Ils firent force de rames pour arriver jusqu'à l'aéronaute, que ses

Arban est recueilli par deux pêcheurs italiens.

efforts désespérés défendaient seuls encore contre une mort imminente. Ils le recueillirent dans leur barque.

Le lendemain, à 6 heures du matin, les deux pêcheurs entraient à Trieste, amenant dans leur barque l'aéronaute miraculeusement sauvé, ainsi que les débris de sa machine. Il en fut quitte pour quelques jours de fièvre.

Les fastes de l'aérostation conservent le souvenir d'un événement très singulier qui se passa à Nantes, en 1844. Il s'agit encore d'un héros, mais d'un héros malgré lui.

Un aéronaute de profession, nommé Kirsch, exécutait une ascension dans la ville de Nantes, en présence d'une foule considérable qui se pressait aux environs de la promenade de la Fosse. Le ballon était gonflé et prêt à partir, lorsqu'une des cordes qui le retenaient fixé à un mât vint à se rompre et le ballon s'emporte, traînant après lui la nacelle que l'on n'avait eu que le temps d'attacher par un seul bout. La nacelle se terminait par une ancre de fer pendue au bout d'une corde.

Voilà donc l'aérostat qui, poussé par le vent et élevé seulement d'une trentaine de mètres au-dessus du sol, est traîné sur la place qu'il balaye en laissant pendre du haut en bas, d'abord la nacelle, puis l'ancre qui la termine et qui rase le sol.

En ce moment, un jeune garçon de douze ans, nommé Guérin, apprenti charron, était tranquillement assis avec ses camarades au bord d'une fenêtre, paisible spectateur de l'ascension. L'ancre du ballon accroche le bas du pantalon de l'apprenti, le déchire jusqu'à la hanche, et le saisissant par la ceinture, fait perdre terre au malheureux jeune homme qu'elle entraîne dans les airs.

Ce fut à la consternation générale que l'on vit l'aérostat tenant le pauvre Guérin suspendu par la ceinture, s'élever à plus de 300 mètres de hauteur. Une catastrophe semblait inévitable. Mais par un hasard providentiel, l'événement n'eut point d'issue funeste.

Le jeune Guérin jetait des cris de désespoir. Il était déjà porté à une hauteur si grande que la foule rassemblée sur la place ne lui apparaissait que comme une troupe de fourmis et les maisons pas plus grandes que le pouce. Il se voyait entraîné vers la Loire. Comme il sentait que son pantalon, dans lequel l'ancre était accrochée, allait céder et le précipiter sur la terre, il avait saisi des deux mains la corde qui soutenait l'ancre. C'est dans cette situation épouvantable qu'il fut promené pendant un quart d'heure dans l'espace.

Il s'aperçut heureusement alors que le ballon commençait à se dégonfler, lui promettant une délivrance prochaine. Le courage et l'espoir lui revinrent. Seulement, la corde de l'ancre à laquelle il était suspendu tournait rapidement sur elle-même ; de sorte que notre aéronaute forcé voyait les objets placés au-dessous de lui exécuter une danse vertigineuse. Il descendait lentement aux environs d'une ferme située non loin de la ville.

La frayeur le reprit quand il approcha de la terre. Il se demandait comment il allait supporter la chute contre le sol. Un bruit de voix se fit entendre à peu de distance.

« Par ici, mes amis, s'écriait l'enfant. Sauvez-moi ! je suis perdu !

— N'aie pas peur, tu es sauvé ! » lui répondent quelques personnes, accourues à ses cris.

Et sans même toucher le sol, il est reçu dans les bras de ses sauveteurs.

Un des plus célèbres aéronautes de l'Angleterre,

Le jeune Guérin, ou l'aéronaute malgré lui.

Green, a vu la mort d'aussi près que le jeune Guérin, d'une façon tout aussi involontaire, mais dans des circonstances bien différentes.

De tous les aéronautes de profession, Green est assurément celui qui a fait le plus d'ascensions : il en a exécuté plus de mille. Cependant celle que nous allons raconter faillit être, pour lui, la dernière.

Green emmenait avec lui tout amateur qui pouvait payer sa place. Il partit, un jour, du Vauxhall de Londres, en compagnie d'un gentleman, qui avait dûment versé entre ses mains le prix du voyage. Commodément installé dans la nacelle, notre amateur semblait prendre le plus grand plaisir à cette excursion aérienne.

Tout à coup, le gentleman tire un couteau de sa poche, et tranquillement, il se met en devoir de couper les cordes qui soutiennent la nacelle.

Green s'était embarqué avec un fou.

Il saisit aussitôt la main de l'individu, s'empare du couteau, et le jette. Mais notre homme, tenace dans sa résolution, se dresse au bord de la nacelle, et s'apprête à faire dans le vide un suprême plongeon.

Si notre fou eût exécuté son dessein, Green était perdu, car le ballon, subitement délesté d'un grand poids, l'eût entraîné, avec une rapidité effrayante, vers les plus hautes régions de l'air, où il eût trouvé la mort. Sa présence d'esprit le tira de ce péril. Sans se déconcerter, sans laisser paraître aucune émotion, il dit à son terrible compagnon de route :

« Vous voulez sauter, c'est bien; je veux en faire « autant, et comme vous, me précipiter dans l'espace. « Mais nous sommes encore trop bas; il faut nous éle- « ver plus haut, afin de mieux jouir d'une aussi belle « chute. Laissez-moi faire, je vais accélérer notre as- « cension. »

Aussitôt, Green saisit la corde de la soupape, et la tire d'un effort désespéré. Au lieu de monter, l'aérostat se vide, et il descend à grande vitesse. Dans cet intervalle, les idées du gentleman avaient sans doute pris une tournure moins funèbre, car, arrivé en bas, il sauta de la nacelle, sans dire un mot, et comme si rien ne s'était passé.

Depuis ce jour, Green, avant de s'embarquer avec un inconnu, trouva prudent d'avoir avec lui quelques instants d'entretien.

CHAPITRE XXI

Les ascensions aérostatiques célèbres. — Un voyage de nuit en ballon. — Green parcourt en ballon la distance de l'Angleterre au duché de Nassau. — Voyage de Belgique fait, en 1850, par l'aérostat *la Ville-de-Paris*, monté par les frères Godard. — Le *Géant* de M. Nadar. — Premier voyage du *Géant*. — Descente à Meaux. — Deuxième voyage du *Géant;* catastrophe du Hanovre. — Autres ascensions du *Géant* en Belgique, en 1864, et à Paris, en 1867.

Le même aéronaute Green, dont nous venons de raconter l'étrange aventure avec un échappé de Bedlam, est célèbre dans l'histoire de l'aérostation, non seulement par les mille ascensions qu'on lui attribue, mais parce qu'il fit, en 1836, le voyage aérien le plus long qui ait jamais été exécuté. Il se transporta de Londres à Weilberg, dans le duché de Nassau, et passa toute une nuit, perdu dans les airs.

L'aérostat qui servit à ce voyage mémorable était un des plus grands que l'on eût encore vus : il cubait 2,500 mètres. Parti de Londres, le 7 novembre 1836, Green avait pour compagnons de voyage MM. Holland et Monk-Mason. Ne sachant en quel pays le vent les porterait, ils s'étaient munis de passe-ports pour tous les États de l'Europe, et d'une bonne provision de vivres.

Le ballon s'éleva majestueusement, à une heure et demie; et entraîné par un vent faible du nord-ouest, il se dirigea au sud-est, sur les plaines du comté de Kent. A quatre heures, la mer se montra à nos voyageurs aériens, toute resplendissante des feux du soleil couchant.

Cependant le vent vint à changer presque subitement, et à tourner au nord; de sorte que le ballon était poussé au-dessus de la mer d'Allemagne, et cela à la tombée de la nuit. Green jugea prudent d'aller chercher un courant d'air d'une direction plus favorable : il jeta une partie de son lest, et s'éleva ainsi dans une région supérieure, où il trouva un courant atmosphérique qui, les ramenant en arrière, les conduisit, en quelques minutes, au-dessus de Douvres. Toujours poussés par le vent, ils s'engagèrent, par-dessus la mer, dans la direction du Pas-de-Calais.

Il était près de cinq heures de l'après-midi, lorsque les voyageurs aperçurent la première ligne des vagues se brisant sur la plage. Le spectacle qui apparut à leurs yeux était vraiment sans égal. Derrière eux, se dressait la côte d'Angleterre, avec ses falaises blanches, à demi perdues dans les brumes lointaines, et reconnaissables seulement à l'éclat du phare de Douvres. A leurs pieds, l'Océan, dans toute sa sombre majesté, s'étendait jusqu'à l'horizon, déjà enveloppé dans les ombres du crépuscule.

La nuit arriva bientôt. Devant eux apparaissait une barrière de nuages, qui prenaient, dans l'obscurité naissante, toutes sortes d'aspects fantastiques : de bizarres parapets, des tours d'une hauteur interminable, des bastions, des murs crénelés, semblaient défendre la route des airs. Bientôt l'obscurité augmentant de plus en plus, ils flottèrent au sein de nuages épais, entourés de toutes parts de brouillards, dont l'humide vapeur se condensait sur l'enveloppe de l'aérostat. Aucun bruit ne se faisait entendre, pas même celui des vagues.

Au bout d'une heure, le détroit était franchi. Déjà le phare de Calais était visible, et le bruit éloigné des tambours, battant aux environs de la ville, montait jusqu'à nos voyageurs. La nuit était si obscure que l'on ne pouvait obtenir quelque connaissance des pays que l'on traversait que par le nombre de lumières apparaissant sur la terre, tantôt isolées, tantôt réunies. On ne distinguait les villes des villages, qu'aux masses de lumières agglomérées ou séparées. L'incertitude sur le lieu où ils se trouvaient augmentait à mesure que la nuit épaississait les ténèbres. Le ballon faisait plus de dix lieues à l'heure.

C'est ainsi que Green et ses compagnons parcoururent une partie du continent du nord de l'Europe. Vers minuit, ils se trouvaient en Belgique, au-dessus de Liége.

Remplie d'usines et de hauts fourneaux, située au milieu d'un canton très peuplé, cette ville se montrait éblouissante de lumière. On distinguait sans peine les rues, les places et les grands édifices, éclairés par le gaz. Mais, à minuit, toute lumière s'éteint sur la terre; bientôt tout rentra dans l'ombre, et nos voyageurs n'aperçurent plus rien.

Ils continuèrent, poussés par le vent, leur course aérienne à travers les ténèbres. La lune n'apparaissait pas, et les espaces célestes étaient aussi noirs que les régions inférieures. Les étoiles seules brillaient sur la voûte du ciel, comme le seul phare naturel de nos navigateurs errants. En avançant dans ce gouffre mystérieux, il leur semblait pénétrer dans une masse de marbre noir, qui s'ouvrait, s'amollissait, et cédait à leur approche.

Dans un aérostat, rien, pas même le plus léger balancement, ne trahit le mouvement : l'immobilité semble parfaite. Joignez à cela l'effet de l'obscurité et du silence, un froid de glace, car il gelait à — 10 degrés, l'ignorance absolue du lieu où l'on se trouvait, la crainte d'aller se briser contre quelque obstacle, comme une montagne ou le clocher d'une église, et vous comprendrez les préoccupations d'un voyage si aventureux.

Depuis plus de trois heures, les aéronautes se trouvaient dans cet état, flottant à une hauteur de 4,000 mètres, lorsque, tout à coup, une explosion se fait entendre ; la nacelle éprouve une forte secousse, la soie du ballon s'agite, et paraît tressaillir. Une seconde, une troisième explosion se succèdent, accompagnées chaque fois d'un ébranlement de la nacelle, qui menace de les précipiter tous dans l'abîme. D'où provenait cet étrange mouvement ? A la hauteur de 4,000 mètres à laquelle le ballon était porté, le gaz hydrogène de l'aérostat, placé dans un milieu excessivement raréfié, s'était extrêmement dilaté, comme il arrive toujours dans cette circonstance. L'étoffe du ballon, pressée par l'expansion du gaz intérieur, avait fait effort de toutes parts, et brisé une partie du filet, qui était rempli d'humidité, déjà raidie par le froid. Telle était la cause des bruits qui avaient retenti au-dessus de leur tête en secouant affreusement la nacelle. Heureusement, cette crise n'eut aucune suite fâcheuse; les voyageurs en furent quittes pour la peur.

Les premières lueurs du matin, si lentes à apparaître au mois de *novembre, commencèrent enfin* à se montrer, et les voyageurs purent savoir s'ils planaient sur la mer ou sur le continent. En effet, plus d'une fois, pendant la nuit, ils avaient entendu sortir des vapeurs environnantes des bruits qui ressemblaient tellement à celui des vagues se brisant sur une plage que Green se croyait transporté sur les rives de la mer du Nord ou au moment d'atteindre les parages plus éloignés de la mer Baltique. L'arrivée du jour dissipa ces craintes. Au lieu de la mer, on découvrit un pays cultivé, traversé par un fleuve majestueux dont la ligne sinueuse partageait le paysage et allait se perdre aux courbes lointaines de l'horizon.

Ce fleuve était le Rhin. Mais nos voyageurs ne connaissaient pas assez bien la carte de l'Europe pour discerner de cette hauteur, au seul aspect, le territoire qu'ils parcouraient. Ignorant la vitesse du vent qui les avait emportés, ils n'avaient aucun élément pour calculer leur distance de l'Angleterre. Seulement, comme ils avaient aperçu de grandes plaines couvertes de neige, ils se croyaient arrivés jusqu'en Pologne.

Ce lieu paraissant propice à l'atterrissement, ils se décidèrent à terminer là un voyage si accidenté. Green donna issue au gaz, jeta l'ancre au bas de la nacelle et effectua sa descente sans accident. Il était 7 heures et demie du matin.

Alors apparurent les naturels du pays qui, jusque-là, s'étaient tenus prudemment cachés dans les taillis, observant les manœuvres de cet étrange équipage. Ils s'empressèrent de venir prêter main-forte aux voyageurs et leur apprirent dans quel lieu ils étaient descendus.

C'était le duché de Nassau et la ville la plus voisine était Weilberg.

On fit une réception d'honneur aux trois voyageurs anglais, qui, par reconnaissance, déposèrent dans les archives du palais ducal de Nassau le pavillon qui avait orné leur nacelle dans cette expédition aventureuse. Il prit place à côté d'un pavillon semblable que Blanchard y avait déposé, à la suite d'une ascension faite en 1785, et dans laquelle, partant de Francfort, il était descendu, par un singulier hasard, à deux lieues seulement du point où Green et ses compagnons avaient opéré leur atterrissement.

Ainsi se termina cette expédition nocturne dans laquelle Green et ses compagnons parcoururent la plus grande étendue de pays que l'on eût encore franchie en ballon. Une portion considérable de cinq États de l'Europe, l'Angleterre, la France, la Belgique, la Prusse et le duché de Nassau ; une longue suite de villes, Londres, Rochester, Cantorbéry, Douvres, Calais, Ypres, Courtray, Lille, Tournay, Bruxelles, Namur, Liège, Spa, Malmédy, Coblentz et une foule de bourgs et de villages étaient venus se présenter successivement à leur horizon.

Après le voyage de Green, celui qui fut effectué en France, le 6 octobre 1850, dans le ballon *la Ville-de-Paris*, dirigé par MM. Eugène et Louis Godard, et dans lequel les voyageurs, au nombre de six, allèrent descendre en Belgique, mérite d'être signalé.

Le ballon *la Ville-de-Paris* était monté, outre

MM. Eugène et Louis Godard, par MM. Gaston de Nicolay, Julien Turgan, Louis Deschamps, régisseur de l'Hippodrome et Maxime Mazen. Il partit à 5 heures et demie de l'Hippodrome, passa par-dessus Montmorency, Luzarches et la forêt de Chantilly. Ensuite, poussé par le vent, il traversa les départements de l'Oise et de la Somme pour arriver en Belgique. Il descendit à 10 heures du soir, à Gits, près Hooglède. Le voyage ne présenta, d'ailleurs, d'autre incident que la longueur de l'espace franchi.

Le ballon *la Ville-de-Paris*, qui avait servi au grand voyage de Belgique et qui appartenait aux frères Godard, devait, peu de temps après, périr de mort violente. Il fut consumé par le feu aux environs de Marseille sans que l'on puisse bien s'expliquer la cause de l'événement.

Nous croyons que les aimables Provençaux s'amusèrent à mettre le feu au ballon pour faire une bonne farce. On a dit que le feu avait pu être mis par une étincelle qui aurait jailli d'un caillou frappé par le fer de l'ancre. Comme jamais rien de semblable n'a été vu dans la descente d'un aérostat, nous persistons dans notre explication à l'encontre des facétieux Provençaux.

Tout le monde connaît les aventures de l'aérostat *le Géant*, construit par M. Nadar, et son désastre arrivé en 1863 dans les plaines du Hanovre, après une des plus émouvantes ascensions qui aient été faites dans notre siècle.

Le *Géant* méritait son nom, car c'était le plus grand aérostat que l'on eût encore construit. Il était aussi grand que l'était le *Flesselles*, cette monstrueuse montgolfière montée par Pilâtre de Rozier et qui s'éleva à

Lyon en 1784. Composé de deux enveloppes superposées en taffetas blanc, il cubait près de 6,000 mètres.

Le *Géant*.

Sa hauteur totale était de 40 mètres, et il avait fallu 7,000 mètres de soie pour le confectionner.

La nacelle, placée au-dessous de l'aérostat, se composait d'une plate-forme surmontant une sorte de cabine. Les dimensions de la nacelle n'étaient que de 4 mètres de hauteur sur 2m,30 de large. Construite en branches de bois de frêne et d'osier, elle pesait 1,200 kilogrammes.

La première ascension du *Géant* eut lieu au Champ-de-Mars, le 4 octobre 1863. Elle avait attiré une foule immense : plus de cent mille personnes entrèrent, ce jour-là, dans l'enceinte. Elle s'accomplit, d'ailleurs, de la manière la plus heureuse. Seulement, la durée du voyage fut extrêmement courte, car les aéronautes descendirent à Meaux, à quelques lieues de Paris.

La seconde ascension eut lieu le 18 octobre et elle se termina par une catastrophe. Après une excursion aérienne qui avait été pleine de charmes pour les voyageurs et dans laquelle ils avaient franchi plus de 150 lieues, un accident arrivé à la soupape l'empêcha de se refermer, de sorte que le ballon, arrivé près de terre, ne put se vider par suite de l'occlusion de la soupape. Par malheur, un vent furieux régnait à terre. Il emporta de son souffle puissant la colossale machine, toute gonflée et encore pleine de gaz. Elle fut traînée ainsi à travers la campagne, heurtant avec une violence inouïe contre tous les obstacles qui se rencontraient devant elle. Pendant un quart d'heure, les malheureux voyageurs du *Géant*, emportés dans une course échevelée, virent cent fois la mort. Ce ne fut que par un miracle qu'ils en sortirent vivants, mais tous blessés ou meurtris.

Le 26 septembre 1864, le *Géant* fit sa troisième ascension à Bruxelles, pour s'associer aux fêtes du 34e anniversaire de l'indépendance belge. Le gouvernement et la ville avaient alloué à M. Nadar une indemnité de 20,000 francs, et l'avaient autorisé, en outre, à faire

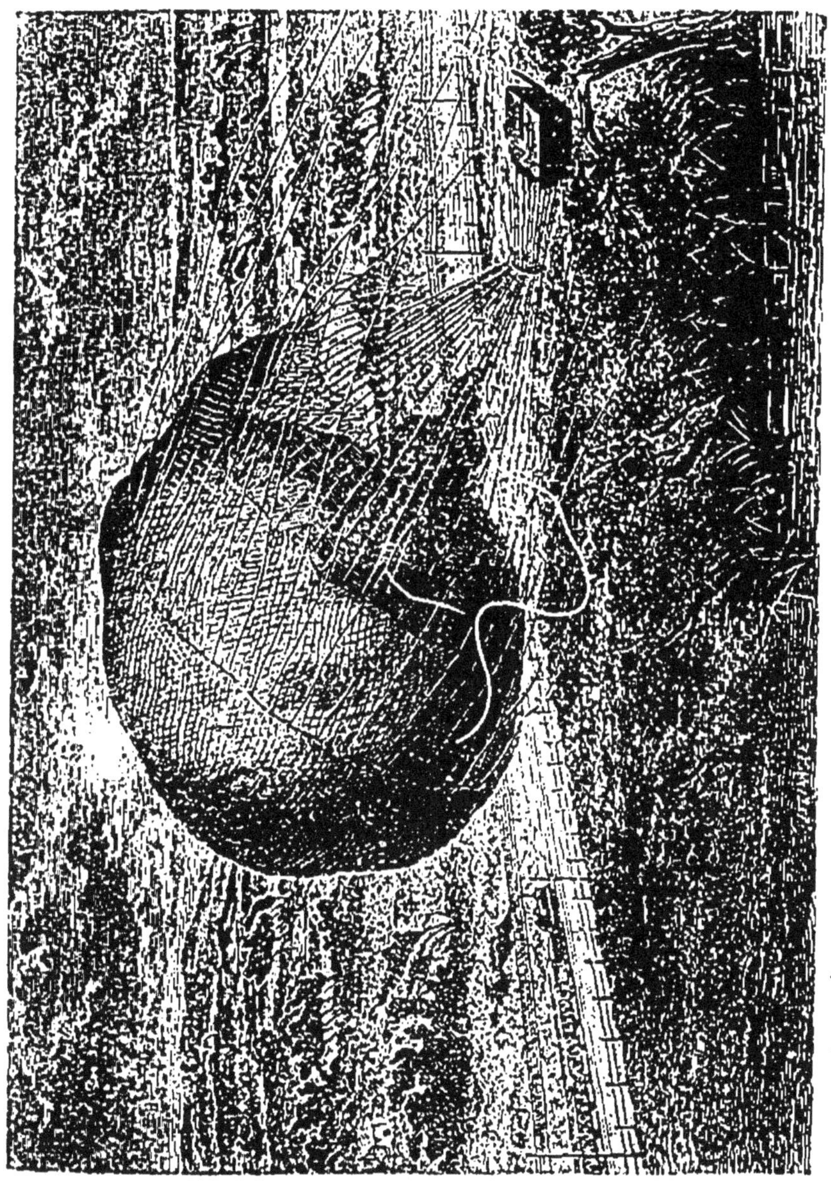

Catastrophe du *Géant* dans les plaines du Hanovre, le 18 octobre 1863.

payer ce spectacle par ceux des amateurs qui tiennent, en pareille circonstance, à avoir toutes leurs aises. Mais M. Nadar, voulant lutter de générosité avec le gouvernement qui offrait ce spectacle à la population, renonça au seul bénéfice réel qu'il pouvait retirer de cette ascension, c'est-à-dire aux droits d'entrée, car les 20,000 francs alloués ne représentaient que les frais de voyage.

C'est au milieu des élans d'un véritable enthousiasme que le *Géant* s'éleva, sous les yeux de la population de Bruxelles. Il opéra heureusement sa descente, à 10 heures du soir, à Ypres (près de Nieuport), avant d'arriver à la mer, vers laquelle il était poussé par le vent d'est.

A l'époque de l'Exposition universelle de 1867, M. Nadar céda la propriété du *Géant* à une Compagnie. Quatre ascensions furent faites. Le lieu du départ était l'esplanade des Invalides, que l'on avait complètement entourée d'une enceinte, pourvue de portes à guichets ne s'ouvrant qu'aux spectateurs payants. Là, se trouvaient trois autres enceintes, formées par des cordes et des piquets, et dans lesquelles les spectateurs étaient répartis, selon le prix de leur carte d'entrée : 20 francs, 10 francs et la bagatelle de vingt sous.

Pendant que le *Géant* s'élançait de l'Esplanade des Invalides, le ballon d'Eugène Godard partait de l'Hippodrome; et souvent, le *Géant* et l'*Impérial*, c'est-à-dire le ballon de M. Nadar et le ballon de M. Godard, ces deux frères ennemis, se rencontraient en l'air, et voyageaient de compagnie.

Mais ces exhibitions d'un spectacle déjà bien usé n'excitaient que faiblement l'attention du public, en dépit de la prodigieuse affluence d'étrangers qu'attirait dans la capitale de la France l'Exposition universelle de 1867.

En 1882, le colonel Burnaby réussit à traverser la mer en ballon de Douvres à Dieppe, comme, en 1784, Blanchard avait franchi en ballon l'intervalle de Douvres à Calais.

Un autre colonel anglais, M. F. Brine, avait précédé le colonel Burnaby dans la même tentative, mais il avait échoué.

C'est au mois de mars 1882 que le colonel F. Brine résolut de traverser la Manche, dans la nacelle d'un aérostat, avec le concours d'un de ses compatriotes, M. Joseph Simmons, aéronaute.

Quand le vent parut favorable, le ballon, tout disposé à l'avance, fut gonflé à Canterbury. Les voyageurs s'élevèrent, en présence de nombreux spectateurs, et on les vit prendre la direction du Pas-de-Calais. Ils s'engagèrent au-dessus de la mer; mais ils reconnurent que, non loin du rivage, les courants aériens n'avaient plus la même direction, et qu'ils les entraînaient vers la mer du Nord. Ils durent opérer leur descente en mer, où le bateau à vapeur de Douvres à Calais les recueillit, eux et leur aérostat.

C'est après l'échec de son compatriote et collègue, que le colonel anglais Burnaby résolut de tenter la traversée de la Manche, dans un ballon, lancé de Douvres.

Il partit seul, dans l'aérostat l'*Éclipse*. Dès le début, tout alla pour le mieux : un vent favorable l'emportait dans la direction de la France; mais vers midi la situation devint mauvaise : le vent changea, dévia, et pendant plusieurs heures le voyageur se trouva sans cesse au-dessus de la mer, entraîné tantôt dans une direction, tantôt dans une autre. Mais peu après, le vent s'apaisa, un calme plat se produisit, et l'*Éclipse* plana, immobile, à une altitude de 300 à 400 mètres au-dessus de la surface des flots.

La situation était grave. Le colonel Burnaby eut l'heureuse inspiration de s'élever dans les régions supérieures de l'atmosphère, afin d'y chercher un vent favorable. Il jeta du lest, et monta peu à peu jusqu'à 3,000 mètres environ. Là, il eut la bonne fortune de rencontrer un courant d'air, qui le transporta vers les côtes de la Normandie. Il passa au-dessus de Dieppe et descendit à une certaine distance de la côte, après être resté huit heures consécutives dans l'atmosphère.

On a vu plus haut que l'aéronaute Green, le 9 novembre 1836, avait franchi la Manche en ballon, dans des conditions tout à fait remarquables; que, parti de Londres, dans un aérostat de 2,500 mètres cubes, il avait traversé l'Angleterre et la Manche, avec une série d'aventures que nous avons résumées plus haut. Nous avons raconté les péripéties de cette ascension extraordinaire, dans laquelle les aéronautes passèrent par-dessus la France et la Belgique, pour aller tomber dans le duché de Nassau, en Allemagne, après une nuit passée dans les airs.

Jusqu'en 1883, on avait réussi à franchir la mer, pour aller d'Angleterre sur le continent, mais jamais jusque-là on n'avait exécuté le trajet de France en Angleterre. De Calais à Boulogne, ce trajet est difficile en raison du vent qui est presque toujours contraire. Ce n'est qu'en 1883 que ce passage a été effectué.

MM. Eloy et Lhoste avaient inutilement essayé de faire cette traversée. M. Lhoste, dans une de ces tentatives, était tombé à la mer, et avait failli périr. Il recommença cette ascension, avec un de ses compatriotes, M. Eloy.

Au commencement de juin 1883, MM. Eloy et Lhoste étaient à Boulogne, avec un nouvel aérostat, *le Pilâtre-de-Rozier*, cubant 800 mètres, attendant un vent favorable pour tenter de nouveau de franchir le Pas-de-Calais par la voie des airs. Ils firent ce voyage le 6 au matin.

Le récit de cette excursion aérienne a été envoyé à M. G. Tissandier, auquel nous empruntons le résumé qui suit.

Au moment de quitter la terre, le ciel était couvert par un brouillard humide et froid. A 500 mètres d'altitude, ce brouillard n'existait plus. A l'altitude de 1,200 mètres, on voyait en avant le bois de Boulogne, et Pont-de-Briques un peu sur la droite. Les nuages situés au-dessus du ballon semblaiént immobiles. Au-dessous, de légers nuages, déchiquetés, paraissaient filer rapidement. Le courant qui entrainait les aéronautes, était N.-O. avec tendance à l'Ouest.

En descendant, l'aérostat arriva au niveau des petits nuages, et changea de marche en tournant brusquement sur lui-même, de droite à gauche. On traversa la Liane, à 600 mètres d'élévation. L'air était encore humide et froid. 15 kilogrammes de lest sont jetés et l'élévation augmente de 400 mètres. A travers les nuages, on voit la mer ; sa couleur est d'un vert sombre, et de la hauteur de 1,000 mètres, on en distingue le fond, très nettement.

10 heures. — Toujours au-dessus de la mer. En avant se montre un point noir. Arrivés au-dessus des derniers nuages, à 400 mètres de hauteur, les voyageurs reconnaissent qu'ils avaient été témoins d'un effet

de mirage : ils avaient vu, en l'air, un petit voilier de pêche. Ils avaient également aperçu, par un effet de réfraction, un bateau à vapeur naviguant paisiblement.

Midi. — Les nuages en dessous se sont massés, ils sont d'un blanc éblouissant. Aussi loin que la vue peut s'étendre, on aperçoit une plaine immense, d'un blanc d'argent, à l'altitude de 2,200 mètres. A 2,900 mètres, le ballon cesse de monter. On le laisse descendre.

L'ascension avait duré près de huit heures, pendant lesquelles on chercha jusqu'à 4,100 mètres d'élévation un courant favorable pour franchir le Pas-de-Calais. A midi et demi, le voyage se termina vis-à-vis des dunes d'Étaples, par une sorte de chute sur le sol, d'une hauteur de 700 mètres, à Lottinghen, où l'atterrissage eut lieu.

Le vendredi 8 juin, M. Lhoste s'éleva seul dans le même ballon, *le Pilâtre-de-Rozier*.

Parti à minuit de l'usine à gaz de Boulogne, par un vent favorable, il traverse la ville, à une altitude de 600 mètres. A une heure, il double le cap Gris-Nez. Devant lui, la mer; un brouillard intense règne dans l'air. A 4 heures, l'altitude est de 1,600 mètres; le ballon, qui est très mouillé, se sèche. A 5 heures, le soleil est très chaud à 2,300 mètres. A 6 heures, à 3,800 mètres, le soleil est environné d'une auréole rose. A 7 heures, à l'altitude de 4,000 mètres, le ballon est sec. A 8 heures, condensation; descente rapide; la chute est arrêtée à 500 mètres. A 8 heures et demie, l'aéronaute se laisse descendre, il voit une grande ville; son guide-rope est saisi par des hommes: il est sur la place de l'Esplanade, à Dunkerque.

A peine descendu à Dunkerque, M. Lhoste s'aperçoit

que les vents ont pris une direction favorable. Décidé, malgré tout, à tenter de nouveau la traversée du Pas-de-Calais, il fait ses adieux aux habitants de Dunkerque, et reprend son voyage aérien, s'élevant d'un bond à 2,000 mètres d'altitude.

Une heure après, le *Pilâtre-de-Rozier* était surpris, à environ 4,000 mètres, par un violent orage. Des coups de tonnerre secouaient terriblement le ballon et la nacelle, assourdissant l'aéronaute, et lui enlevant la perception de ce qui se passait autour de lui.

Peu après, légèrement remis de son étourdissement, M. Lhoste aperçoit la mer sous ses pieds. A 2 heures, l'aérostat, descendu avec une vélocité extraordinaire, n'était plus qu'à 800 mètres du niveau de la mer. La provision de lest commençait à s'épuiser; une chute dans la mer paraissait inévitable.

A 4 heures, le ballon n'avait plus de lest : M. Lhoste avait lancé dans les flots tous les objets dont il pouvait se débarrasser. Cependant le ballon était presque à ras des vagues qui venaient mouiller ses cordages. L'aéronaute poussait des cris de détresse, mais en vain, car tout était silence autour de lui.

Le *Pilâtre-de-Rozier* s'enfonça dans les flots, la nacelle fut submergée et le vaillant aéronaute n'eut que la ressource de grimper dans le filet. Sur l'eau, le ballon, dont le taffetas était tout détendu, flottait comme une énorme vessie.

Enfin, après plus d'une heure d'angoisse, une voile apparut à l'horizon. C'était le lougre français *Noémi*, capitaine Cauzie, qui se dirigeait vers Anvers et qui se trouvait à quelques milles seulement de la côte anglaise.

Aux cris de détresse poussés par l'aéronaute, le *Noémi* vint à son secours. Mais le capitaine, qui croyait avoir affaire à un bâtiment incendié, louvoya longtemps, avant d'oser approcher.

A 5 heures et demie, le capitaine du *Noémi*, ayant reconnu son erreur, envoya une barque de sauvetage, qui vint enfin tirer M. Lhoste de sa terrible situation. Après d'immenses difficultés, on arriva à l'embarquer sur le *Noémi*, ainsi que son ballon, qui était à demi détruit.

En résumé, après une navigation aérienne de 18 heures, accidentée de mille périls, le ballon *le Pilâtre-de-Rozier* ne put réussir à franchir le détroit, et vint s'échouer en mer à 16 kilomètres (10 milles) des côtes de l'Angleterre.

M. Lhoste fut plus heureux dans une dernière tentative, faite le 9 septembre 1883, et dans laquelle, profitant très habilement des courants aériens dont il avait su reconnaître la direction, il réussit à franchir, avec son ballon *la Ville-de-Boulogne*, le bras de mer qui sépare la France de l'Angleterre.

C'était la première fois que le Pas de Calais était traversé, par voie aérienne, en partant de la côte de France, pour atterrir en Angleterre. Le voyage aérien de l'Angleterre en France compte de nombreux succès, mais, comme nous l'avons déjà fait remarquer, on n'avait jamais, avant M. F. Lhoste, effectué le passage avec un ballon, de la côte française à la côte anglaise. On sait qu'en 1785 Pilâtre de Rozier et Romain trouvèrent la mort dans cette entreprise.

Voici le récit donné dans *la Nature*, par M. F. Lhoste, de son heureuse traversée :

Le dimanche 9 septembre 1883, je m'élève, de la ville de Boulogne, à 5 heures du soir, avec mon ballon, *la Ville-de-Boulogne*, du cube de 500 mètres. En quelques minutes je suis porté à l'altitude de 1,000 mètres; je plane au-dessus des jetées et ne tarde pas à gagner le large, poussé par un vent sud-sud-ouest. Désirant connaître le courant inférieur, je laisse descendre l'aérostat vers des niveaux inférieurs, dans le but de me renseigner auprès des pêcheurs dont les bateaux sont au-dessous de moi. En se rapprochant ainsi de la surface maritime ou terrestre quand le temps est calme, il est facile d'entretenir une conversation avec ceux qui se trouvent dans le voisinage de l'aérostat.

Édifié sur ce point, que le courant inférieur est d'est, je pensai, dès ce moment, qu'en utilisant alternativement ces deux courants, il me serait possible de gagner la côte anglaise.

Ayant jeté du lest, je me relevai à l'altitude de 1,200 mètres et continuai ma route, poussé par un vent sud-sud-ouest, qui me porta à proximité du cap Gris-Nez. A 6 h. 30 m., je redescendis dans le courant Est, afin de me maintenir dans une direction favorable.

Vers 7 h. 30, le soleil se coucha, et je fus enveloppé d'un brouillard assez intense qui me masquait les côtes de France, aussi bien que celles d'Angleterre.

Pourtant, vers 8 heures, la lune se leva, et, grâce à ses faibles rayons, je pus apercevoir deux bateaux à vapeur, qui se dirigeaient vers l'Océan. Un peu plus tard, j'aperçus deux feux, qui n'étaient autres que les phares de Douvres. Me basant sur ces lumières, il m'était plus facile de me maintenir dans une direction favorable.

A 9 h. 30, mes regards furent attirés par un groupe de lumières qui m'indiquaient d'une façon certaine la présence d'une grande ville. J'appelai à plusieurs reprises et mes appels furent répétés par l'écho.

Enfin, vers 10 h. 15, je franchissais la côte anglaise. Je passai au-dessus d'une petite ville, que je suppose être une station balnéaire; bientôt j'aperçus de petits bois et d'immenses prairies.

La lumière de la lune était assez vive, mais le brouillard qui régnait dans les couches inférieures me fit juger prudent de ne pas pousser plus loin mon voyage, de crainte de reprendre la mer. J'ouvris la soupape et quelques minutes après j'atterrissais dans une vaste prairie, où un troupeau de moutons se trouvait parqué. Il était alors 11 heures. Après avoir fait une rapide inspection autour de moi, je reconnus que tout était désert, et je m'organisai le plus commodément possible pour passer la nuit à la belle étoile.

Le lendemain, au point du jour, je fus réveillé par les cris des animaux domestiques, que ma présence dans des conditions aussi anormales semblait vivement intriguer.

Je me levai, et me dirigeai vers une habitation, où je trouvai le fermier, qui m'apprit que j'étais à Hent; il m'offrit une voiture, pour me conduire à la station de Smeeth, où je pris le train pour Folkestone.

J'arrivai dans cette ville juste à temps pour prendre le paquebot, qui me débarqua à 3 heures de l'après-midi à Boulogne, heureux d'avoir le premier réalisé le passage du détroit de France en Angleterre.

Il faut féliciter le jeune aéronaute d'avoir enfin réussi dans une entreprise où tant d'autres ont échoué avant lui; et cela d'autant plus que M. F. Lhoste, sans fortune, sans appui, fils d'un simple artisan, s'impose les plus grandes privations pour construire ses ballons et exécuter ses voyages aériens, et qu'il ne doit qu'à son zèle passionné pour l'aéronautique le succès qui a couronné sa persévérance et son courage.

Nous ajouterons que, le 29 juillet 1886, M. Lhoste, accompagné d'un aéronaute de profession, M. Mangot, a refait la traversée de France en Angleterre.

Parti de Cherbourg, dans le ballon *le Torpilleur*, qui cube 1,000 mètres, à 11 heures du soir, il s'éleva lentement jusqu'à 400 mètres et resta à cette hauteur jusqu'à 2 heures et demie du matin. Les aéronautes furent témoins du beau spectacle d'étoiles filantes et purent admirer la planète Vénus qui était d'un éclat resplendissant.

A 3 heures et demie du matin, les aéronautes durent manœuvrer, pour lutter contre l'influence du soleil qui allait se lever. On filait sur l'île de Wight avec une vitesse de 10 nœuds.

Le ballon était alors descendu jusqu'à 50 mètres seulement au-dessus de la mer.

La dilatation produite par le soleil devenant appréciable, de l'eau de mer fut montée à bord au moyen d'une corde en guise de lest supplémentaire. A l'approche des côtes, on remonta le flotteur après l'avoir vidé avec la corde de retournement. C'est alors que la hauteur de 1,000 mètres fut atteinte.

Le ballon entrait en Angleterre, à l'ouest de la ville de Bagnor, à 4 heures 40 m. du matin. Près des côtes, la transparence de l'eau était surprenante ; on voyait distinctement le fond, qui est formé de rochers sur un sol de sable, en partie recouvert de longues herbes.

Le soleil s'étant enfin montré, l'altitude de 1,300 mètres fut atteinte. Bientôt nos aéronautes virent le palais de Westminster, et Saint-Paul, vers 5 heures du matin. Le cours de la Tamise se dessinait, et la soupape ayant été ouverte, un courant inférieur ramena le ballon vers Londres. On s'arrêta dans une belle prairie située sur le bord de la rivière Lee, à Totenham-station, charmant village au nord est du district métropolitain.

CHAPITRE XXII

Les victimes de l'aérostation. — Mort de Pietro Bambo, dans la campagne de Rome (1870). — Chute dans la mer du Nord, du ballon portant M. et Mme Duruof (1874). — Perte du *Washington* (1875). — L'*Aéronef* (1875), etc. — Mort des aéronautes Petit, Ch. Brest et Auguste Navarre (1880). — Mort d'Alphonse d'Armantières, parti de Montpellier, tombé en pleine mer (1881).

Depuis un siècle que l'on fait des ascensions aérostatiques, bien des événements funestes ont été à déplorer.

Nous consacrerons ce chapitre aux *victimes de l'aérostation.*

En 1870, un gymnasiarque aérien, Pietro Bambo, se tua dans la campagne de Rome, en tombant du ballon *Re d'Italia.* Au-dessous de la nacelle du *Re d'Italia* on avait accroché un trapèze, pour recevoir Pietro Bambo. Arrivé à une grande hauteur, le gymnasiarque, perché sur son trapèze, perdit l'équilibre, et fut lancé dans l'espace. Le ballon, subitement allégé d'un poids énorme par la chute de Bambo, fit un tel bond que l'aéronaute qui se trouvait dans la nacelle fut presque asphyxié; il ne reprit connaissance que quatre heures après.

Le ballon, par suite d'une fissure, finit par descendre tout seul. Il plana à cinquante mètres du sol, et ne tarda pas à prendre terre sans autre particularité.

Seulement, Pietro Bambo n'y était plus !

Au mois de septembre 1874, les journaux illustrés et non illustrés fatiguèrent le public des récits multipliés de la chute de M. et Mme Duruof dans la mer du Nord, et de leur sauvetage opéré par des pêcheurs anglais.

Ancien aéronaute du siège de Paris, M. Duruof avait annoncé qu'il partirait de Calais, pour traverser la mer et descendre en Angleterre, à l'imitation de Blanchard, qui fit ce tour de force en 1812. Par malheur, au jour dit, le vent soufflait dans une direction absolument contraire à la traversée projetée. La prudence conseillait donc de remettre le départ à un autre jour; mais la recette était encaissée, il fallait rendre l'argent ou partir.

M. Duruof s'en serait tenu au premier parti, si les plaintes et même les injures de la foule ne lui eussent inspiré un coup de tête. Il partit, malgré la presque certitude d'une issue fatale, emmenant, ce qui était un tort, sa femme, comme compagne de sa téméraire entreprise.

Il arriva dès lors ce que tout le monde avait prévu : le vent emporta l'esquif aérien dans une direction tout autre que celle de l'Angleterre. L'aérostat se dirigea vers le nord-est. Au lever du jour, M. Duruof se trouvait au-dessus de la mer du Nord. En ce moment, les embarcations de nombreux pêcheurs couvraient la mer. M. Duruof lâcha les dernières portions de son gaz, et descendit, avec son ballon, jusqu'à la surface de l'eau où les pêcheurs, qui suivaient avec anxiété ses manœuvres depuis quelques heures, furent assez adroits pour recueillir les deux aéronautes, épuisés par une nuit d'angoisse.

On pouvait féliciter M. Duruof d'avoir échappé miraculeusement aux dangers auxquels sa témérité l'avait exposé ; mais, de là à lui dresser des autels, pour son intelligence et son courage, il y a loin. Les habitants de Calais manifestèrent beaucoup d'enthousiasme lorsque M. et Mme Duruof arrivèrent dans cette ville, en retournant en France ; mais les Parisiens montrèrent moins d'expansion. Une ascension annoncée à leur bénéfice ne put avoir lieu, faute de spectateurs.

Le 20 janvier 1876, on apprit, à Paris, la perte du ballon *le Washington*.

Deux Américains, le docteur Fergith et M. Jedediah Monrose, avaient conçu le téméraire projet de traverser l'Atlantique en ballon ; non qu'ils prétendissent avoir trouvé la direction des aérostats, mais ils comptaient sur les courants permanents qui règnent de l'ouest à l'est.

Leur ballon, *le Washington*, était une immense machine, rappelant *le Géant* par ses dimensions. Au mois de novembre 1875, aux acclamations de tout New-York, les deux hardis aéronautes partirent. On les vit se diriger vers la mer; puis on n'entendit plus parler d'eux.

Pendant huit jours, l'Amérique se préoccupa des deux voyageurs transatlantiques. Avaient-ils atterri bien loin de leur point de départ, ou bien, saisis par la tempête, emportés par l'ouragan, au milieu des déchaînements du vent, étaient-ils tombés, du haut d'un ciel plein d'orages, dans la mer furibonde?

On sut plus tard ce qu'ils étaient devenus. On trouva *le Washington* crevé à cinquante lieues de New-York. Le docteur Fergith était mort et M. Jedediah Monrose mortellement blessé.

Depuis le commencement de 1875, c'était la septième catastrophe du même genre arrivée en Europe et en Amérique. La plus retentissante avait été celle de Sivel et Crocé-Spinelli, le 15 avril 1875, que nous avons racontée plus haut.

Voici les six autres désastres aériens arrivés de 1875 à 1886.

Le 9 janvier 1875, tomba près de Gênes le ballon *l'Air*, monté par Lévy, aéronaute français. Dans la chute, provoquée par une déchirure de l'enveloppe, Lévy se tua. Son corps fut tellement broyé, que les jambes et les bras pouvaient se ployer comme du caoutchouc.

Le 2 avril 1875, chute, à Marseille, du ballon *l'Espérance*, parti de Rouen. Les deux aéronautes, M. et Mme Galland, furent grièvement blessés tous les deux. Mme Galland mourut huit jours après.

Le 3 mai, *l'Aéronef*, monté par un Anglais, M. Davidson, tomba dans l'Atlantique. On le repêcha, deux heures après, cramponné aux cordages de son ballon, lequel se soutenait encore un peu au-dessus de l'eau.

Mais le secours porté au pauvre aéronaute ne lui servit pas à grand'chose; le séjour qu'il avait fait dans l'eau lui occasionna une fluxion de poitrine, qui l'emporta quinze jours après.

Le 7 août 1875, les journaux d'Alsace enregistraient la chute, près de Colmar, du ballon *la France*, parti de Nancy, et monté par un ancien capitaine de francs-tireurs, nommé Hermann Schültz. Une si forte dilatation de gaz s'était produite dans les hautes régions de l'atmosphère, qu'une large déchirure était survenue au ballon. Le capitaine Schültz se brisa les deux jambes, en tombant violemment sur le sol, et il fallut l'amputer.

Le 9 octobre 1875, arriva l'accident de l'*Atmosphère*, et quelques jours après, celui dont fut victime, dans le ballon *l'Univers*, le colonel Laussedat qui avait entrepris, avec quatre officiers d'état-major, l'étude des courants aériens, pour en faire l'application à l'aérostation militaire.

Continuons cette triste série.

En 1879, en Angleterre, à Falborough, un gymnasiarque tomba des nues. Il s'abattit sur le toit d'une maison qu'il défonça. Le pauvre diable était un ancien écuyer du cirque Astley, nommé Frédéric Hill.

En 1880, trois sinistres, résultant d'ascensions en ballon, arrivèrent au Mans, à Marseille et à Paris. Ces catastrophes furent accompagnées des plus dramatiques incidents.

Le ballon *l'Exposition*, monté par l'aéronaute Petit, partit du quinconce des Jacobins, au Mans, le 4 juillet 1880. En même temps, s'élevait un second ballon, d'un moindre volume, qui était conduit par le fils de M. Petit, et remorqué au moyen d'une corde par le grand ballon. On remarqua que le grand ballon jetait tout son lest et ne montait qu'avec une excessive lenteur ; tandis que l'autre s'élevait rapidement. Sa distance du grand ballon augmentait si vite qu'il n'était plus retenu. Petit avait lâché la corde en criant à son fils : « Tu vas seul maintenant ! » Quelques secondes après, on vit, avec épouvante, le grand ballon se déchirer du haut en bas, disparaître, dans une chute terrible, derrière les maisons, à quelques minutes de la ville.

L'accident avait été observé de tous les points de la ville, et peu d'instants après, une foule nombreuse entourait la maison où les aéronautes recevaient les premiers soins. Petit était étendu sur un matelas, sanglant. Il n'était pas mort, il parlait. Sa femme n'était pas blessée, elle pouvait marcher : et pourtant elle venait de faire une chute de 1,600 mètres !... Peu de jours après; Petit était mort.

L'aéronaute Charles Brest a péri à Marseille, le 8 août 1880.

Charles Brest avait fait à Marseille, le 1er août, sa première ascension, avec le ballon *le Nautilus*. Parti à cinq heures, du Prado, par un temps très calme, il franchissait, vers cinq heures et demie, la chaîne des montagnes de l'Esterel et atterrissait peu après dans les plaines de Peyrolles, près d'Aix.

Le dimanche suivant, 8 août, malgré un vent violent de nord-ouest, Charles Brest s'élevait, pour la deuxième fois, avec le *Nautilus*, et disparaissait bientôt à l'horizon, poussé vers la mer par le mistral.

Depuis ce moment, on ne revit plus le malheureux voyageur aérien. Seulement, le lendemain, on trouvait près d'Ajaccio, au bord de la mer, *le Nautilus* avec sa nacelle vide !

Il faut donc ajouter le nom de Charles Brest à

la liste, déjà longue, des victimes de l'aérostation.

Une autre victime de l'absurde métier d'aéronaute forain est un pauvre diable qui n'avait jamais fait d'ascension et qui, avec la plus étonnante témérité, se hasardait pour la première fois à faire des exercices de trapèze au-dessous, non d'un ballon à gaz, mais d'une simple montgolfière, ce qui ajoutait encore au danger d'une telle aventure.

C'est à Courbevoie, le 21 octobre 1880, que s'est passé cet événement.

La montgolfière s'élevait, à 4 heures trois quarts, sur l'avenue de Saint-Germain, pendant la fête de Courbevoie. Il avait été question d'abord de disposer une nacelle au-dessous de cette montgolfière et de la faire servir à l'ascension d'une aéronaute, Mme Albertina; mais au dernier moment, on se décida à supprimer la nacelle et à n'y placer qu'un trapèze. Un jeune homme d'une trentaine d'années, Auguste Navarre, gymnasiarque, consentit à remplacer Albertina, et à s'enlever, avec la montgolfière, puis, une fois dans les airs, à faire sur le trapèze des tours de force et d'adresse.

Il partit. La foule, le voyant s'élever, applaudit, pendant qu'il montait en saluant, se tenant au trapèze d'un seul bras. Mais à une hauteur de cent mètres environ, on le vit s'accrocher des deux mains à la barre du trapèze, et ne plus bouger.

Vous figurez-vous un homme accroché à un trapèze, suspendu sous une montgolfière qu'il ne peut diriger, perdu dans l'espace, à six cents mètres au-dessus du sol, voyant un vide effroyable au-dessous de lui, et n'ayant pour se cramponner dans cette immensité qu'un faible rouleau de bois, qu'il serre de ses mains crispées? C'est ce spectacle dont furent témoins les habitants de Neuilly et de Courbevoie, qui suivaient des yeux la montgolfière emportant le téméraire acrobate.

Auguste Navarre était un beau garçon de vingt-huit ans, bien taillé, qui excellait, paraît-il, dans l'exercice du trapèze. C'était dans le seul but de gagner les 50 francs que l'on avait promis à Albertina pour faire les exercices du trapèze au-dessous de la montgolfière qu'il s'était proposé et s'était fait accepter, malgré les observations contraires, fondées sur sa complète inexpérience de l'aérostation.

Cependant la montgolfière montait toujours, et, comme nous l'avons dit, on remarqua, à une certaine hauteur, que le gymnasiarque ne faisait plus aucun mouvement, ni des bras ni des jambes.

La montgolfière traversa la Seine. Elle était à 600 mètres de hauteur au moins, et celui qui la montait ne paraissait pas plus grand que la main.

Tout à coup, la foule pousse un cri d'horreur, les femmes se cachent la figure. Le malheureux lâchait prise, et tombait, de cette hauteur effroyable, en tournant sur lui-même. On eut le temps de le suivre du regard, pendant cette longue chute.

Navarre alla se broyer dans une propriété particulière, située au n° 84 de l'avenue du Roule. Son corps fit dans la terre un trou de 50 centimètres de profondeur, puis il rebondit, à quatre mètres de là, affreusement disloqué.

Le choc avait été si violent que le corps, en défonçant la terre, s'y était moulé. Les empreintes de la tête, du buste, des jambes, des bras et même des doigts, étaient gravées, par de profonds sillons, dans le sol, très dur en cet endroit. Le crâne était brisé, et le sang s'échappait par les oreilles. Le corps étant tombé d'environ six cents mètres, la chute avait duré sept secondes; à la septième seconde, il avait acquis une vitesse de plus de *deux cent quarante mètres*, et la vitesse étant multipliée par le poids du corps (estimé à soixante-cinq kilogrammes), la masse devait dépasser *quinze mille kilogrammes*, quand elle toucha la terre.

Une fois allégée du poids de celui qui venait de lâcher prise, la montgolfière fit un saut brusque, et se perdit dans les nuages. Mais bientôt elle retombait sur Paris.

A la chute du jour, on aperçut, de l'intérieur de Paris, un ballon, dont la marche était irrégulière, et qui descendait par dessus la place Saint-Michel. C'était la montgolfière partie à 4 heures trois quarts de Courbevoie.

Au-dessus de la place Saint-Michel, elle n'était plus qu'à une hauteur de 1600 mètres environ, lorsque tout à coup, elle s'enflamma, en produisant un nuage de fumée : elle s'était crevée ou déchirée, et retombait sur la place.

En voyant descendre le ballon déformé, vide, en lambeaux, une immense clameur s'éleva, et tout le monde se précipita, par toutes les rues, vers la place Saint-Michel. Pour prévenir des accidents, plusieurs personnes, notamment les garçons du café de l'Avenir, avaient eu l'heureuse idée de laisser toute la place libre au moment de sa chute. Grâce à cette précaution, personne ne fut atteint. Seulement, une marchande de journaux faillit être ensevelie, avec son kiosque, sous les 500 mètres de toile de l'aérostat. Il ne fallut pas moins de quarante personnes pour porter l'étoffe de la montgolfière dans le couloir d'une maison voisine; elle pesait 300 kilogrammes.

Telle est la dramatique histoire du pauvre Navarre.

Pour continuer cette liste funèbre, nous consignerons ici la mort d'Alphonse d'Armentières. Cet aéronaute s'était élevé à Montpellier, le 20 août 1881, et on était resté sans nouvelles de lui, depuis son départ. Le 23 août, des pêcheurs de Pérols trouvèrent, près du phare de l'Espignette, le corps du malheureux d'Armentières, affreusement mutilé et flottant, ballotté par les vagues, à 2 lieues du rivage.

A la fin de l'année 1881, l'aérostation eut à enregistrer la mort d'un personnage notable de l'Angleterre : celle de M. Powell, membre de la Chambre des communes.

M. Powell était parti dans le ballon *le Saladin*, le 10 décembre 1881, de Bath (Écosse), près de Bredport. Au bout de quelques heures, ses compagnons de voyage descendirent, et laissèrent M. Powell, qui repartit seul, vers 6 heures de l'après-midi. Le ballon se dirigea rapidement vers la mer. L'obscurité vint et le ballon disparut.

On n'eut aucune nouvelle de lui, pendant plusieurs jours ; seulement, un thermomètre brisé, appartenant au *Saladin*, fut repêché près de Weymouth.

Le 19, c'est-à-dire neuf jours après le départ, des dépêches de Madrid annonçaient que l'aérostat avait été vu, passant d'abord sur le port de Loredo, près Santander, et ensuite à 2 kilomètres de Bilbao.

M. Powell était-il vivant ou mort, lorsque le ballon a été vu pour la dernière fois? Ce mystère restera probablement impénétrable. Ce qui est certain, c'est que le ballon *le Saladin*, qui portait M. Povell, fut trouvé, à la fin de décembre, dans une des montagnes de la Galice, en Espagne. Ces montagnes sont sauvages et très peu habitées : ce qui explique qu'un cadavre ait pu y séjourner aussi longtemps sans être signalé.

Après avoir été vu à Bilbao, le ballon *le Saladin* s'était de nouveau dirigé vers la mer. Il doit donc avoir flotté pendant plusieurs jours encore, avant d'avoir finalement atterri en Galice, où l'on a retrouvé le corps de l'infortuné voyageur.

En 1885, deux catastrophes aérostatiques, à peu d'intervalle l'une de l'autre, ont coûté la vie à deux hommes de mérite et de cœur : l'aéronaute Eloy et le physicien Gower.

Eloy était l'aéronaute qui accompagnait M. Lhoste, en 1883, dans la traversée de la Manche, que nous avons racontée plus haut.

Eloy avait exécuté de nombreux voyages aériens. Il s'était engagé à entreprendre une ascension à Lorient, à l'occasion de la fête du 14 juillet 1885, dans un aérostat de petite dimension, gonflé au gaz de l'éclairage. Il s'éleva à 6 heures et demie, et ne tarda pas à se trouver au-dessus de l'Océan. Bientôt, le ballon dépassa les bateaux qui avaient quitté le port en même temps que lui, et qui suivaient sa marche, depuis son départ. Mais il fut impossible aux marins de rejoindre l'aérostat, et quand la nuit vint, on le perdit de vue.

Le surlendemain, des marins trouvèrent, au large de l'île de Groix, à la surface de la mer, la casquette et la jaquette de l'aéronaute. Un peu plus tard, un voilier, *le Duc*, partant pour la Suède, annonça qu'il avait rencontré, au delà de Belle-Ile-en-Mer, un ballon encore gonflé, mais sans aéronaute. Il est présumable qu'Eloy aura essayé de gagner l'île de Groix à la nage, et qu'il aura péri, sans avoir pu être recueilli par un navire. On ne peut donc pas douter du sort de l'infortuné aéronaute.

La seconde victime est Frédéric Gower, ingénieur américain bien connu, inventeur d'un perfectionnement pratique du téléphone, ami de M. Graham Bell, et qui avait gagné une certaine fortune par ses découvertes.

Frédéric Gower s'occupait avec passion, depuis quelques années, d'aéronautique, et il avait obtenu un de ces succès qui sont, pour un aéronaute, un brevet d'honneur et de gloire : il avait franchi, en ballon, la Manche, à l'exemple de Blanchard et de plusieurs autres, dont l'histoire a conservé glorieusement les noms. Le 1er juin 1885 il était parti de Hythe, près de Folkestone, à midi 15 minutes ; il s'était élevé seul, emportant un fort poids de lest, et il était descendu à terre, sur la côte de France, vers Étaples, au sud de Boulogne, à 4 heures du soir. M. Gower avait antérieurement exécuté plusieurs ascensions avec les frères Tissandier et avec M. Lachambre.

C'est en voulant continuer cette série d'ascensions, à la suite de sa brillante traversée de la Manche, que Frédéric Gower trouva la mort. Il paraît qu'il voulait créer un nouveau système de ballons-torpilles, fonctionnant automatiquement dans l'atmosphère.

Après ses premiers essais de ballons libres automatiques, il s'était installé à Cherbourg, dans le but d'expérimenter à nouveau ses ballons automatiques, et de traverser la Manche une seconde fois, mais en allant de Cherbourg en Angleterre.

Vers le milieu de juillet, deux frégates américaines et une frégate russe vinrent à Cherbourg. M. Gower en profita pour faire d'abord, le vendredi 17, une ascension de courte durée, avec un officier russe. Il descendit sur terre au Vaast, à 22 kilomètres de Cherbourg.

« Le samedi 18, dit M. Tissandier, M. Gower partit seul, dans son ballon *la Ville d'Hyères*, précédé de son petit aérostat automatique. Le temps était beau, bonne brise, mais le vent ne pouvait le mener en Angleterre. Il prévoyait toucher terre à Dieppe. Il partit à 1 h. 45 minutes de l'après-midi ; à 3 heures, le sémaphore de Gatteville le signala. Puis, nous n'en avons plus entendu parler.

« Le lundi suivant, le capitaine d'un petit navire entrait en rade de Cherbourg, rapportant le ballon automatique, qu'il avait trouvé à 30 milles de Barfleur, vers 5 heures et demie du soir, le samedi 18, et il dit avoir vu le ballon avec nacelle descendant sur la mer à 20 milles plus loin, autant qu'il a pu en juger, s'élever et s'abaisser plusieurs fois, puis n'avoir rien vu pendant 10 ou 15 minutes; après quoi il l'a vu s'élever de nouveau très rapidement et disparaître. Il ne peut dire si à ce moment il était dépourvu de sa nacelle.

« D'autre part (dit un correspondant, M. A. Ploquin), j'ai télégraphié à Dieppe, d'où il m'a été répondu que la barque de pêche, *le Phénix*, avait trouvé le ballon *la Ville d'Hyères* à 13 milles de Dieppe, à 7 heures du soir, le 18, mais qu'il n'avait pas de nacelle, et que les cordages avaient été coupés au couteau. »

Il est probable que, son ballon trainant en mer et s'éloignant du bateau au bord duquel il espérait le salut, Frédéric Gower aura coupé les cordes de l'aérostat, pour flotter dans la seule nacelle d'osier, à la surface de l'Océan. Mais le secours attendu ne sera pas venu!

Il se peut encore que la nacelle ait été séparée pendant le sauvetage; mais alors on aurait eu des nouvelles de ce sauvetage. Il se peut enfin qu'elle ait été jetée comme lest, l'aéronaute se tenant dans le cercle jusqu'au moment où l'épuisement de ses forces l'aura forcé à abandonner ce dernier et fragile appui.

CHAPITRE XXIII

Construction et remplissage des aérostats à gaz hydrogène et à gaz d'éclairage. — Construction et remplissage des montgolfières. — Les petits ballons à gaz hydrogène à l'usage des enfants.

Nous croyons utile, en terminant ce volume, de décrire la manière de construire les aérostats. Nous dirons aussi quelques mots des ballons que peuvent exécuter les jeunes gens, tant pour leur instruction que pour leur plaisir, ainsi que de ces petits ballons que l'on fabrique à Paris depuis quelques années, pour l'amusement des enfants.

Un ballon, de forme sphérique, résulte de l'assemblage de larges fuseaux, cousus les uns aux autres. La matière du ballon est le papier quand il s'agit d'une montgolfière, et la soie quand il s'agit d'un aérostat à gaz hydrogène ou à gaz d'éclairage.

Il existe plusieurs moyens de découper ces fuseaux, de manière à composer un *globe sphérique* par leur juxtaposition. Le savant anglais Tibère Cavallo a

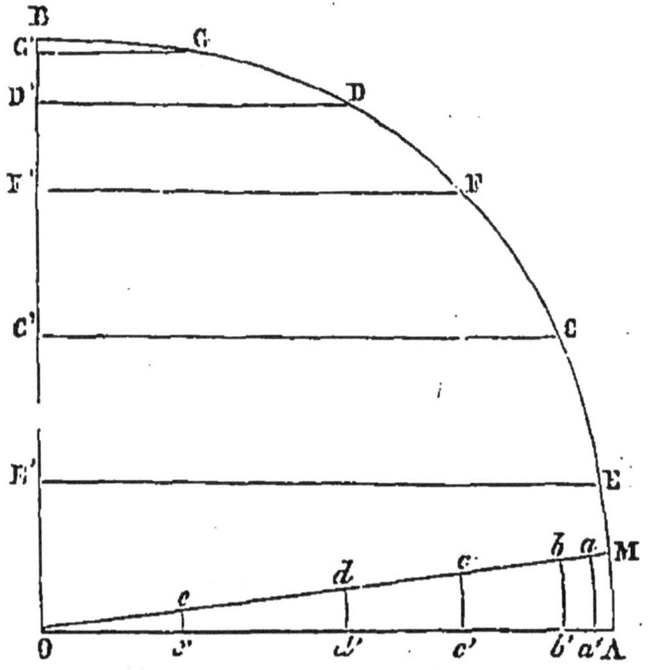

Figure géométrique pour la taille des fuseaux d'un ballon.

donné une formule logarithmique qui permet de tailler les patrons de ces fuseaux : mais cette méthode exige des calculs préliminaires assez longs;

nous ferons connaître, pour arriver à ce résultat, un procédé géométrique très simple et à la portée de tous.

Il s'agit d'abord de tailler un modèle en papier, sur lequel on découpera ensuite les fuseaux de taffetas. Voici la manière de tailler ces fuseaux de papier.

On décrit sur la feuille de papier, dont les dimensions sont les mêmes que celles qui doivent entrer dans la composition du ballon, un quart de cercle, AOB (figure de la page 268), dont le rayon est égal à celui du ballon. On divise ensuite l'arc AB en six parties égales; pour cela il suffit de porter successivement le rayon AO sur la circonférence de A en D et de B en C. On obtient trois arcs égaux AC, CD, DB; si l'on divise chacun d'eux en deux parties égales par les points E, F, G, l'arc AB sera divisé en six parties égales. Par les points de divisions on mène des parallèles au rayon AO qui coupe le quart de cercle aux points E′, C′, D′, G′. On joint alors le centre O au milieu M de l'arc AE et on décrit du même point O comme centre, avec des rayons respectivement égaux à EE′, CC′, etc., des arcs de cercle *aa′*, *bb′*, etc. Admettons que le cercle auquel appartient l'arc AB soit l'équateur du ballon, l'arc AM en sera la vingt-quatrième partie, les arcs *aa′*, *bb′*, etc., seront alors la vingt-quatrième partie des parallèles de rayons EE′, CC′, FF′, etc.

Ceci posé, sur une ligne droite XY (figure de la page 270) portons douze fois la longueur AM, et des points de division, 1, 2, 3, 4, 5, 6, de part et d'autre du milieu 1, décrivons des arcs de cercle avec des rayons respectivement égaux aux longueurs AM, *aa′*, *bb′*, etc. Si l'on trace une courbe tangente à la fois à tous ces arcs et qui passe en X et Y, on obtiendra un fuseau dont la surface est la vingt-quatrième partie de celle de la sphère. Il suffira donc de découper vingt-ouatre bandes égales à celles-ci, en laissant un bord qui permette de les réunir entre elles. On construira ainsi un ballon dont la forme sera à peu près sphérique.

On voit que ce procédé repose principalement sur ce que les arcs AM, *aa'*, *bb'*, etc. (figure de la page 268) peuvent être considérés comme sensiblement égaux à leurs cercles, ce qui n'a lieu que s'ils sont assez petits.

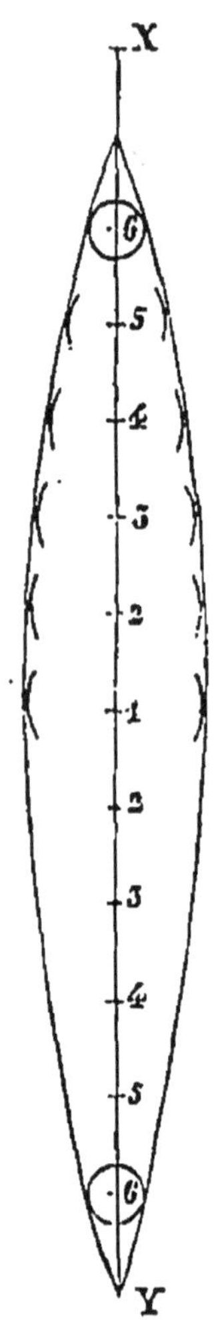

Figure géométrique pour la taille des fuseaux d'un ballon.

Si le ballon doit avoir de grandes dimensions, on divisera l'arc AB en douze parties égales, au lieu de 6, et en répétant une construction analogue à la précédente, on obtiendra des fuseaux qui, dans ce cas, devront être au nombre de quarante-huit pour former l'enveloppe sphérique tout entière.

Les ballons sont généralement terminés par un appendice qui leur donne une forme particulière. Pour construire cet appendice, on ne termine pas en pointe l'extrémité inférieure de chaque fuseau; on laisse de la sorte une largeur variable avec le nombre de fuseaux et qui permet de donner au ballon la forme qu'on veut.

La soie est le tissu qui sert à former les aérostats à gaz hydrogène et à gaz d'éclairage. On a la précaution de la recouvrir d'avance d'un vernis afin de boucher ses pores et de s'opposer au passage du gaz hydrogène à travers l'enveloppe. On choisit la soie cuite, le taffetas de Lyon ou le satin croisé, parce que ces étoffes sont à la fois solides et de longue durée.

La composition des vernis dont on recouvre la soie destinée à former un aérostat est assez variable. Nous indiquerons la manière de préparer quelques-uns de ces enduits.

On fait, au bain-marie, une dissolution de caoutchouc dans l'essence de térébenthine, en ayant soin d'agiter le mélange, pendant toute la durée de l'opération. La dissolution arrive ainsi à avoir une consistance sirupeuse. On la laisse bien refroidir; puis on la décante dans un autre vase, en inclinant légèrement et peu à peu celui qui la contient. Enfin, on mélange la dissolution de caoutchouc ainsi obtenue avec de l'huile de lin. Il suffit d'enduire de ce vernis les deux faces de chaque fuseau, l'une après l'autre, à douze heures d'intervalle, et de laisser sécher pendant un jour. La soie ainsi vernissée sert à tailler les fuseaux destinés à former l'aérostat à gaz hydrogène.

On emploie également, comme vernis, un mélange d'essence de térébenthine et d'huile de lin, rendue siccative par une ébullition prolongée avec la litharge.

Quelquefois, le ballon est fabriqué avec de la baudruche, c'est-à-dire la membrane interne du gros intestin du bœuf; mais on ne peut confectionner ainsi que des ballons d'un faible volume, car la baudruche est une substance assez chère.

Depuis quelques années, on se sert, pour fabriquer les ballons, d'un tissu peu perméable au gaz, qu'on nomme *makintosh*, et qui est formé d'une lame de caoutchouc interposée entre deux feuilles de taffetas ou de toile. C'est ainsi qu'était fabriquée l'enveloppe de l'aérostat captif d'Henri Giffard.

L'aérostat, ou la montgolfière, étant construits, il s'agit de les remplir. Nous parlerons d'abord du remplissage des aérostats par le gaz hydrogène et par le gaz d'éclairage.

La production du gaz hydrogène est basée sur la décomposition de l'eau par l'action simultanée du fer ou du zinc et de l'acide sulfurique. On sait que l'eau est formée, sur 100 parties, de 89 parties d'oxygène et de 11 d'hydrogène. L'oxygène de l'eau, ayant une grande affinité pour le fer, peut se séparer de l'hydrogène par l'effet d'un agent chimique convenable. Cette séparation se produit facilement par l'action de l'acide sulfurique, qui tend à se combiner avec l'oxyde de fer.

Quand on n'a besoin que de très peu de gaz, cette opération se fait, dans les laboratoires de chimie, au moyen de flacons de verre. Mais pour la production en grand, il faut substituer aux flacons des tonneaux, dont le fond supérieur soit percé de deux trous, livrant passage à deux tubes, l'un pour le gaz dégagé, l'autre pour l'acide sulfurique qui sert à provoquer la réaction. Ces tubes sont en plomb : le premier est droit et muni d'un entonnoir pour verser l'acide; le deuxième, qui est recourbé, conduit le gaz dans une sorte de cuve pleine d'eau destinée à laver le gaz hydrogène avant qu'il pénètre dans le ballon.

La réaction se produit aussitôt après l'introduction des matières dans le tonneau. Elle s'accompagne, pendant toute sa durée, d'une effervescence, qui sert, en quelque sorte, de régulateur dans l'opération : car, suivant que cette effervescence est plus ou moins vive, l'arrivée du gaz dans le ballon est plus ou moins rapide. Il convient d'agiter souvent la masse afin d'établir un contact intime entre l'acide sulfurique et les morceaux de fer qui n'auraient pas encore été attaqués.

Appareil pour la préparation, par l'acide sulfurique et le fer, du gaz hydrogène destiné au remplissage d'un aérostat.

Il est essentiel de laver le gaz dans l'eau; car le fer et l'acide employés étant impurs, il se produit, par leur réaction, de l'acide sulfureux et de l'hydrogène sulfuré.

Ces deux gaz, étant solubles dans l'eau, restent dissous dans l'eau de la cuve.

Il est bon de disposer, sur le trajet du gaz hydrogène, avant de le laisser pénétrer dans le ballon, un tube plein de chaux vive, qui dépouille le gaz de son humidité, et qui arrête la petite quantité de gaz acide carbonique qui peut s'y trouver mélangée.

Au sortir du tube plein de chaux, le gaz hydrogène est dirigé dans le ballon au moyen d'un tuyau de caoutchouc.

On met dans les tonneaux de l'eau, de l'acide sulfurique et du fer, ou mieux, de la tôle découpée en menus fragments.

Il est important de savoir dans quelles proportions on doit employer les matières nécessaires à la production de l'hydrogène. L'expérience indique que 3 kilogrammes de fer et 5 kilogrammes d'acide sulfurique, à 66° de l'aréomètre, donnent au moins un mètre cube de gaz. Il suffira donc de connaître le volume du ballon et de prendre autant de fois 3 kilogrammes de fer et 5 kilogrammes d'acide qu'il contiendra de mètres cubes. Calculer le volume du ballon est chose facile, à cause de sa forme sphérique. Son volume et sa surface se calculent par la méthode géométrique ordinaire : π représentant le rapport de la circonférence au diamètre et D le diamètre du ballon, la surface du ballon est égale à πD^2 et son volume à $\frac{\pi D^3}{6}$.

On voit, sur la figure, l'ensemble des dispositions qu'il faut donner à l'appareil pour la préparation du gaz hydrogène par l'action de l'acide sulfurique sur le fer. Cette figure reproduit avec exactitude les dispositions qui furent employées par Henri Giffard pour préparer le gaz hydrogène destiné à remplir le vaste aérostat qui servit à opérer des *ascensions captives* à Paris, en 1867 et 1878.

AA sont les tonneaux de bois dans lesquels l'acide sulfurique réagit sur le fer; BB, les tubes qui conduisent le gaz sortant des tonneaux; CC, le grand tube dans lequel se réunit le gaz dégagé dans tous les tonneaux; D, la cuve dans laquelle le gaz vient se laver. F représente le cylindre plein de chaux que le gaz doit traverser pour s'y dessécher et y laisser son acide carbonique avant de se rendre dans l'aérostat. H est un manchon de verre contenant un hygromètre et un thermomètre pour s'assurer de l'état de dessiccation du gaz et de sa température.

La cuve à lavage est d'une disposition particulière, l'eau s'y renouvelle sans cesse. A cet effet, une pluie d'eau tombe à travers une multitude d'orifices percés dans un tube intérieur, et elle s'écoule ensuite par un trop-plein. De cette manière le lavage du gaz est parfait.

Nous représentons à part, en coupe verticale, l'intérieur de cette *cuve à lavage*. C est le tube d'entrée et E le tube de sortie du gaz; *aa* est le tube, persillé de trous, par lequel l'eau tombe en pluie dans l'intérieur du vase; *f* le trop-plein par lequel cette eau s'écoule sans cesse; *d* le robinet d'arrivée de cette même eau. Le gaz arrivant par une série d'orifices *l*, *l*, *l*, est très divisé et peut se mêler parfaitement avec l'eau pour se laver.

Ainsi préparé, le gaz hydrogène revenait à M. Henri Giffard à 1 franc le mètre cube. C'est dire qu'il serait impossible de préparer en grand, avec économie, le gaz hydrogène par cette méthode. C'est pourtant avec le gaz ainsi obtenu, que fut rempli, pour la première fois en 1867, l'aérostat captif de M. Giffard. Et comme les dimensions de cet aérostat n'étaient pas moindres, ainsi que nous l'avons dit, de 5,000 mètres cubes, le coût du remplissage était de 5,000 francs. Aussi, M. Giffard a-t-il eu recours, en 1878, pour préparer le gaz hydrogène, à une opération plus économique con-

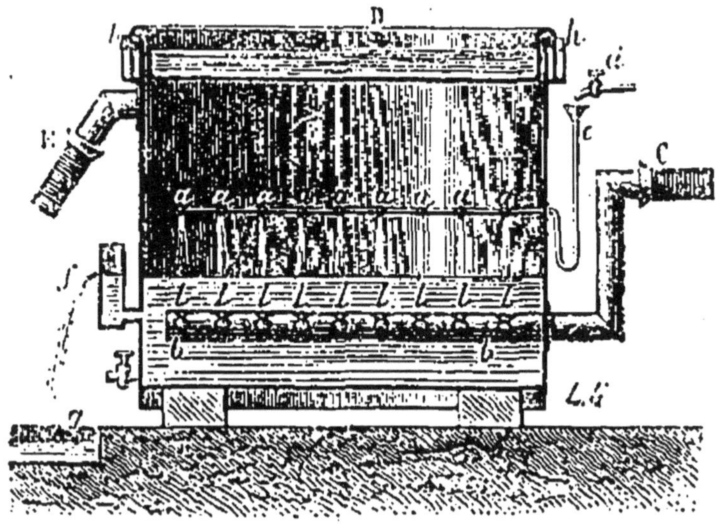

Coupe de la cuve à lavage du gaz hydrogène.

sistant à décomposer l'eau par le charbon porté au rouge.

On ne doit jamais remplir complètement un ballon avant l'ascension; car le gaz, qui le gonfle, a une pression égale à la pression de l'air ambiant, et cette pression diminue à mesure qu'on s'élève. Si l'aérostat était entièrement gonflé au départ, l'excès de pression intérieure amènerait bientôt la rupture de l'enveloppe. C'est ce qui est arrivé plusieurs fois, ainsi que nous l'avons rapporté.

On ne remplit donc l'aérostat qu'aux deux tiers; de cette façon, le gaz intérieur peut, par son expansion, faire équilibre à la pression extérieure, sans presser contre les parois du ballon. L'appareil ne se gonfle dans son entier qu'en s'élevant, et il conserve une force ascensionnelle à peu près constante jusqu'à ce qu'il ait atteint son volume définitif. On peut du reste régler le gonflement de l'aérostat de façon à atteindre la hauteur à laquelle on veut qu'il s'arrête.

Au début de l'opération, le ballon doit être soutenu par une corde fixée à sa partie supérieure et passant sur des poulies portées par deux grands poteaux, de façon à ce qu'on puisse l'élever ou l'abaisser à volonté. Mais, à mesure que le gaz le remplit, la poussée qu'il occasionne rend cette suspension inutile; il faut alors, au contraire, retenir le ballon vers la terre au moyen de cordes attachées au filet dont on a eu soin de recouvrir préalablement l'aérostat.

Ce filet est d'une nécessité absolue; il permet de répartir sur tous les points du ballon la traction exercée par la nacelle, et d'éviter ainsi les chances de rupture aux points qui, sans cela, auraient été soumis à des tiraillements trop énergiques et trop prolongés.

On construit le filet très solidement en corde de chanvre, en faisant les mailles de la partie supérieure assez petites, et en les agrandissant à mesure qu'on s'en éloigne. Cette disposition a pour but d'augmenter la résistance de l'enveloppe dans les points où elle est soumise à la plus grande pression de la part du gaz. Le filet doit envelopper totalement le ballon dont il embrasse exactement la surface jusqu'au milieu. A partir de là, les différentes cordes dont il est formé convergent vers un même cercle de bois ou d'osier, auquel on suspend la nacelle.

Par tous les détails contenus dans ce volume, on sait déjà que les moyens qui permettent à l'aéronaute de s'élever ou de descendre, une fois qu'il plane dans les airs, se réduisent aux sacs de lest, qu'il jette pour s'élever, et à la soupape placée à la partie supérieure du ballon, qu'il ouvre pour perdre du gaz, s'alléger et descendre. Inutile de dire, par conséquent, que l'aéronaute doit emporter avec lui, dans sa nacelle, une quantité de sacs de sable dont le nombre et le poids varient avec la force ascensionnelle qu'il entend conserver. Il doit en même temps bien s'assurer du bon état de la soupape, qui lui permettra de vider le gaz à volonté pour opérer sa descente.

Quant à l'orifice inférieur du ballon, il doit rester constamment ouvert; la raison en est facile à comprendre. A mesure que le ballon s'élève dans une région plus haute, le gaz intérieur se dilate, subit une expansion, qui est proportionnelle à la diminution de la pression des couches de l'air extérieur raréfié. Il faut donc que le gaz puisse prendre, sans obstacle, cette expansion; sans cela, il presserait contre les parois de l'aérostat, les distendrait et les ferait infailliblement éclater. C'est ce que l'on évite en laissant l'orifice inférieur du ballon toujours ouvert. L'hydrogène, étant extrêmement léger comparativement à l'air, ne peut se perdre en quantité sensible par cet orifice ouvert, tant que la pression extérieure ne diminue pas; ce n'est qu'au moment de la diminution de cette pression, qu'il s'échappe au dehors, et proportionnellement à l'affaiblissement de cette pression.

Nous ajouterons maintenant que là est la cause fondamentale de la faible course que peut fournir un aérostat. Dès qu'il s'élève un peu plus haut, quand il atteint 2,500 mètres, à plus forte raison 4,000 mètres, un aérostat perd, par son orifice inférieur ouvert, une quantité énorme de son gaz. Cette perte lui ôte toute sa force ascensionnelle, et oblige bientôt l'aéronaute à descendre.

On s'imagine communément que la cause de la prompte déperdition du gaz d'un aérostat, c'est le passage de l'hydrogène à travers l'enveloppe. D'après ce qui vient d'être dit, cette cause de perte de gaz, dans le faible intervalle de temps d'une ascension, n'est presque rien, comparée à celle qui résulte de l'expansion du gaz dans les hautes régions et de son dégagement par l'orifice inférieur. Si le ballon pouvait se conserver clos, sans briser ses parois, il pourrait fournir une carrière très longue. Les ballons captifs des aérostiers militaires de la fin du dernier siècle, et les ballons captifs de M. Henri Giffard, étaient dans ce cas.

Comment connaître d'avance le poids que peut enlever l'aérostat, c'est-à-dire la force qui le sollicite à s'élever? Il est facile, comme on vient de le voir, de connaître la surface du ballon et le volume d'hydrogène qu'il renferme. Ce gaz, dans les conditions ordinaires de température et de pression, pèse environ 100 grammes le mètre cube. D'autre part, on évalue à 250 grammes le poids d'un mètre carré du taffetas formant l'enveloppe. On obtiendra le poids total du ballon en ajoutant le poids du gaz et celui du taffetas. Connaissant le volume de l'aérostat, on connaît le volume, et par suite le poids de l'air déplacé par le ballon. La différence entre ces deux poids, évaluée en kilogrammes, représente la charge que peut soulever le ballon.

Il faut remarquer, toutefois, qu'on prend toujours

une charge moindre que cette différence; sans cela le ballon resterait en équilibre dans l'air. Il faut qu'il possède une certaine force ascensionnelle, pour pouvoir s'élever.

Le tableau ci-dessous donne, connaissant le diamètre d'un ballon à gaz hydrogène, sa charge et sa force ascensionnelle, évaluées en kilogrammes.

DIAMÈTRE DU BALLON en mètres.	POIDS EN KILOGRAMMES que le ballon peut soulever.	FORCE ASCENSIONNELLE en kilogr.
1	0,62	0,16
2	5,03	1,89
4	40,21	27,65
6	135,72	107,44
7	215,51	177,03
8	321,70	269,69
9	458,04	394,42
10	622,32	540,78

Passons au remplissage des ballons par le gaz de l'éclairage.

L'hydrogène est le gaz le plus diffusible que l'on connaisse, c'est-à-dire qu'il possède au plus haut degré la propriété de traverser les enceintes dans lesquelles on l'enferme. Il n'y a pas, pour ainsi dire, de vases dans lesquels on puisse le conserver; il passe même au travers du caoutchouc, qui est cependant imperméable à beaucoup de gaz. Cette facilité à traverser les enveloppes ne tient, d'ailleurs, qu'à sa très faible densité. Plus un gaz est léger, plus il peut s'écouler facilement à travers les pores des substances qui le renferment. L'hydrogène est difficile à contenir dans une enveloppe de nature organique, parce qu'il est prodigieusement léger; voilà tout le mystère.

Quelque bien vernie que soit l'enveloppe de taffetas, il arrive donc toujours un moment où le ballon s'affaisse, car l'hydrogène s'échappe peu à peu, tandis qu'il ne rentre à sa place qu'une quantité d'air bien plus faible. On comprend donc que l'on ait cherché à remplacer l'hydrogène par un autre gaz, plus léger que l'air, mais n'offrant pas l'inconvénient propre à l'hydrogène pur.

Le gaz que l'on substitue à l'hydrogène pur est celui de l'éclairage, vu la facilité avec laquelle on se le procure dans les grandes villes. Seulement, sa densité beaucoup plus grande oblige à donner à l'aérostat un volume double pour obtenir la même force ascensionnelle.

Le gonflement d'un ballon par le gaz de l'éclairage nécessite très peu d'appareils. Il suffit d'adapter aux conduits qui distribuent les gaz dans les villes un tuyau de caoutchouc ou de cuir, d'un assez grand diamètre, qui l'amène jusqu'à l'intérieur du ballon.

L'expérience, avons-nous déjà dit, a établi qu'un mètre cube de gaz hydrogène pur, préparé pour les ascensions aérostatiques, pèse 100 grammes et qu'il peut, dès lors, enlever un poids de 1,200 grammes par mètre cube de la capacité du ballon, car un mètre cube d'eau pèse environ 13 kilogrammes et la différence, soit 12 kilogrammes, représente dès lors la force ascensionnelle d'un mètre cube de gaz hydrogène. Un mètre cube de gaz d'éclairage pèse de 600 à 650 grammes et peut enlever, dès lors, un poids de 650 grammes seulement par mètre cube. Il faut donc, pour obtenir la même force ascensionnelle, donner à un aérostat gonflé par le gaz de l'éclairage un volume à peu près double de celui que l'on donnerait à un aérostat gonflé par le gaz hydrogène pur.

Arrivons aux montgolfières.

L'emploi des montgolfières est aujourd'hui très limité, en raison des dangers auxquels elles exposent. Ces ballons sont dangereux, non seulement pour ceux qu'ils emportent, mais encore pour les pays au-dessus desquels ils passent. De nombreux incendies ont été causés par la descente de ces montgolfières qu'on avait autrefois l'habitude de lancer à l'occasion des fêtes publiques. Pour ces raisons, nous nous étendrons très peu sur le gonflement de ces ballons.

La montgolfière étant construite par les procédés que nous avons décrits, il suffit, pour la lancer, d'allumer du feu au-dessous de l'orifice. L'air intérieur s'échauffe et provoque, par sa dilatation, l'ascension de l'appareil. Mais il faut le maintenir à la température à laquelle on l'a porté. Pour cela, le ballon est muni, à sa base, d'un fourneau dans lequel on entretient du feu par la combustion de certaines matières, telles que des étoupes imbibées d'esprit-de-vin, des boules pyrogéniques formées par l'agglomération de copeaux de bois avec du goudron, de la paille arrosée d'essence de térébenthine, de pétrole, etc.

C'est surtout la présence de ce fourneau qui est la source de nombreux dangers. D'abord, au moment du départ de la montgolfière, il se produit des oscillations qu'il est très difficile d'éviter et qui peuvent déterminer son inflammation ; puis, lorsqu'elle s'est élevée dans les airs, elle laisse tomber des flammèches ; enfin, quand elle descend dans la campagne, sur des matières inflammables, elle peut occasionner des désastres.

Les jeunes gens trouveront une occasion de plaisir et d'instruction, à confectionner de petits ballons destinés à être gonflés par l'air chaud ou par le gaz hydrogène. Nous dirons donc un mot de leur construction qui est très simple. Il suffit de faire, avec de moindres dimensions, le tracé géométrique que nous avons indiqué pour les grands ballons. On pourrait employer le taffetas recouvert de vernis; mais pour un objet sans grande utilité il vaut mieux se contenter de papier.

On prend donc des feuilles de papier à lettre ordinaire que l'on réunit au moyen de colle de pâte. On les taille en fuseaux par le procédé que nous avons fait connaître et on les recouvre, sur chaque face, soit avec de l'huile grasse rendue siccative par la litharge, soit avec un des nombreux vernis gras que l'on trouve chez les fabricants de couleurs.

Le papier ainsi recouvert devient, au bout d'un certain temps, dur et cassant. On peut modifier la préparation de l'enveloppe de façon à éviter cet inconvénient. Pour cela, on réunit les feuilles de papier deux à deux en interposant entre elles une couche du vernis dont nous avons précédemment décrit la préparation. On obtient ainsi une enveloppe qui conserve une grande souplesse et qui, de plus, est presque entièrement imperméable aux gaz.

On se dispense d'employer un filet, en réunissant les

fuseaux entre eux à l'aide de rubans de soie et de coton, qu'on laisse dépasser les fuseaux.

Pour gonfler un tel ballon, il suffit de diriger à l'intérieur, au moyen d'un tube, du gaz hydrogène produit à la façon ordinaire des laboratoires, dans un flacon de verre à deux tubulures.

Au début, il faut soutenir le ballon; mais bientôt il tend lui-même à s'élever, en vertu de la poussée de l'air. On n'a plus alors qu'à le retenir à l'aide d'une corde, jusqu'à ce que le gonflement soit achevé.

Il nous reste à parler de ces petits ballons en caoutchouc qui servent de jouets aux enfants. Voici comment ils sont fabriqués.

On découpe dans une feuille de caoutchouc de 2 millimètres d'épaisseur quatre portions de sphère qui se prolongent, à une extrémité seulement, en une bande de 5 à 6 millimètres de large et 15 de long. On soude ces quatre segments ensemble en appuyant les bords deux à deux au moyen d'un fer chaud et l'on obtient ainsi une petite sphère creuse, terminée par un tube de 15 millimètres de long et de 7 millimètres de diamètre. On *vulcanise* alors cette sphère, en la plongeant dans un mélange de sulfure de carbone et de chlorure de soufre. Puis on maintient le ballon gonflé avec de l'air, pendant tout le temps nécessaire à la teinture en rouge. Cette teinture s'obtient en dissolvant une dissolution d'orcanette dans le sulfure de carbone. Il ne reste plus qu'à recouvrir le ballon avec un vernis formé de gomme du Sénégal dissoute dans un mélange d'alcool, de vin blanc et de mélasse. Le petit ballon est alors prêt à être gonflé. On le remplit de gaz hydrogène, à l'aide d'une pompe de compression.

Le volume de ces ballons varie de 4 à 8 litres; leur force ascensionnelle est très faible, comme on le sait. Ainsi, un de ces ballons, dont le volume serait de 5 litres, pèse environ 5gr,448, dont 5 grammes pour l'enveloppe et 0gr,448 pour les 5 litres d'hydrogène qu'il renferme. Il déplace 5 litres d'air, dont le poids est de 6gr,466, sous la pression 76 centimètres et à la température ordinaire. La force ascensionnelle est donc égale à 6gr,466 — 5gr,448 = 1gr,018.

Cette industrie a pris aujourd'hui une telle extension à Paris, qu'elle livre, chaque année, au commerce 20 millions de petits ballons.

C'est la maison de confection du Louvre qui, la première, distribua à sa clientèle ces *ballons-réclames*.

Regis ad exemplar totus componitur orbis.

La plupart des autres maisons de nouveautés font aujourd'hui la même libéralité à leurs acheteurs; de sorte que l'on voit à Paris toutes sortes de globes blancs, bleus ou roses, voltiger, retenus au moyen d'une ficelle, par des enfants, petits et grands.

On reconnaît bien le caractère et l'esprit de notre siècle dans cette ingénieuse alliance de la science et de l'industrie.

FIN.

TABLE DES MATIÈRES

CHAPITRE I

CHAPITRE II

CHAPITRE III

CHAPITRE IV

CHAPITRE V

CHAPITRE VI

CHAPITRE VII

CHAPITRE VIII

CHAPITRE IX

CHAPITRE X

CHAPITRE XI

CHAPITRE XII

CHAPITRE XIII

CHAPITRE XIV

CHAPITRE XV

CHAPITRE XVI

CHAPITRE XVII

CHAPITRE XVIII

CHAPITRE XIX

CHAPITRE XX

CHAPITRE XXI

CHAPITRE XXII

CHAPITRE XXIII

FIN DE LA TABLE DES MATIÈRES.

7128-86. — CORBEIL. Typ. et stér. CRÉTÉ.